York Hovest

HELDEN DER MEERE

Unterwegs mit den Hütern eines einzigartigen Lebensraums

teNeues

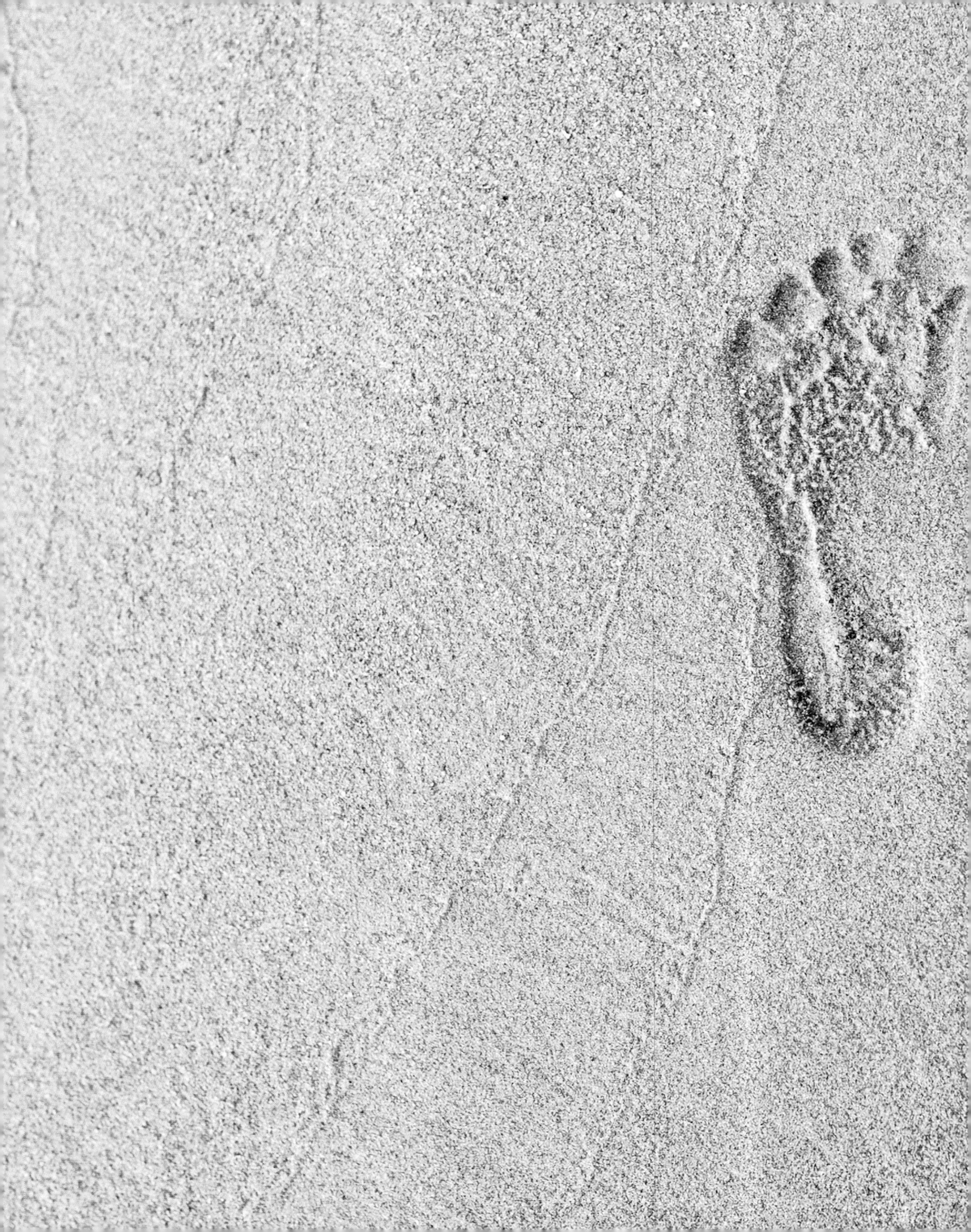

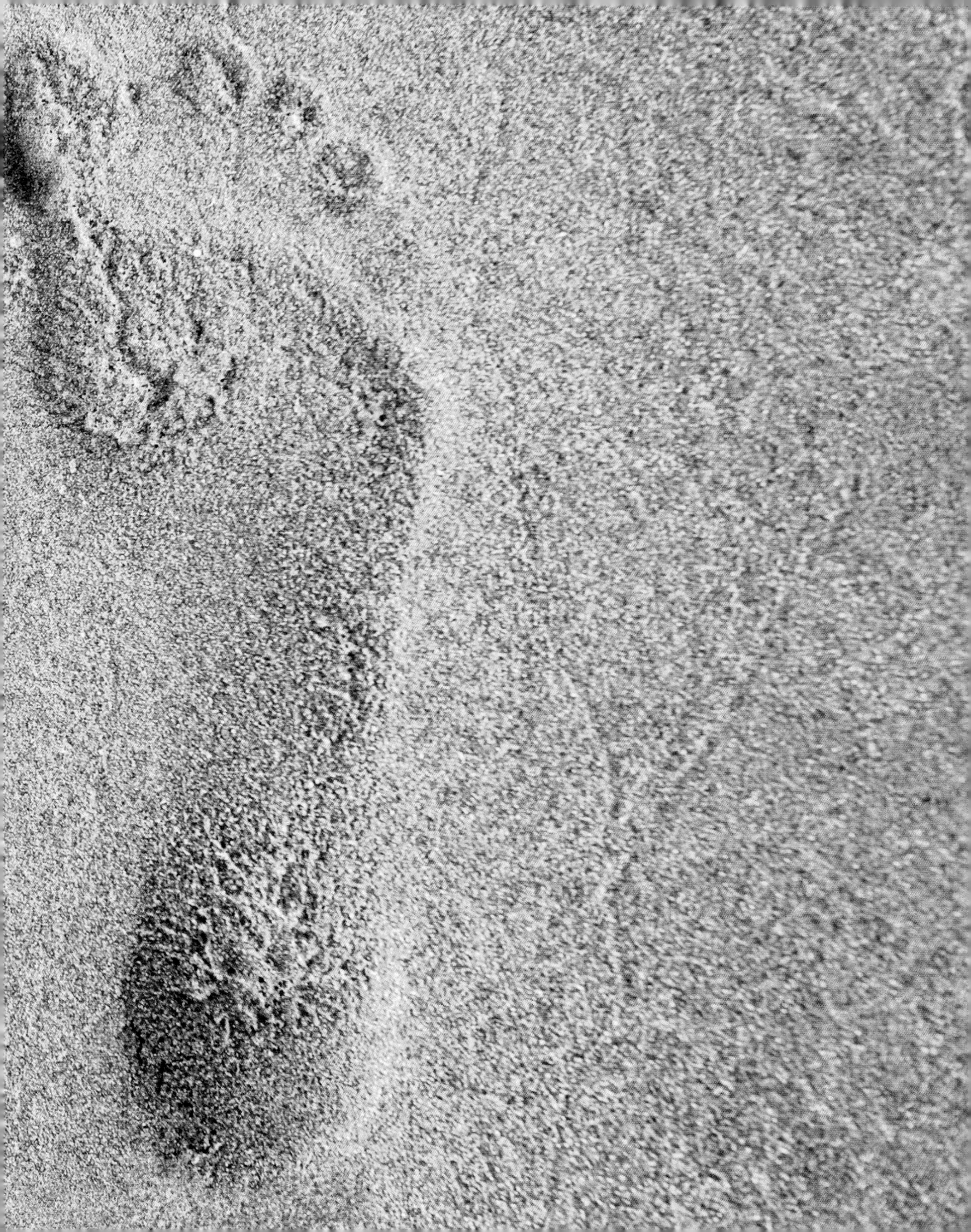

THE DALAI LAMA

Unsere Welt hat sich in den letzten Jahrzehnten auf vielfältige Weise verändert. Mehr und mehr konzentrieren wir Menschen uns auf den Erfolg in Wirtschaft, Technologie und im Privatleben. Dabei laufen wir Gefahr zu vergessen, worum es im Leben wirklich geht: um ein sinnvolles Dasein, in dem wir uns um andere kümmern, einschließlich unserer Umwelt, die unserer Gier und Vernachlässigung schonungslos ausgesetzt ist.

Wenn ich über die Bedeutung von Mitgefühl spreche, meine ich nicht nur Mitgefühl gegenüber anderen Menschen. Ich spreche auch von der Sorge um unsere Umwelt, um unseren Planeten, der das einzige Zuhause ist, das wir haben. Ohne sie können wir nicht existieren.

Ungezügeltes Streben nach mehr Erfolg führt zur Zerstörung unserer Umwelt. Unsere Ozeane und ihr sich verschlechternder Zustand sind ein Spiegel unseres Verhaltens. Wenn wir keine Maßnahmen ergreifen, wird dies wahrscheinlich beispiellose Konsequenzen haben.

Deshalb müssen wir alle Anstrengungen unternehmen, um diesem Problem Herr zu werden. Wir müssen unser Mitgefühl in Taten umsetzen und gemeinsam handeln, um Lösungen zu finden – genau wie die Menschen, die in diesem Buch „Helden der Meere“ vorgestellt werden.

26. März, 2019

Was wie ein einfacher Stein aussieht, ist in Wahrheit ein großer Klumpen Ambra – eine wachsartige Substanz, die bei der Nahrungsaufnahme von Pottwalen entsteht. Es bildet sich um unverdauliche Schnabelmäuler von Tintenfischen, die Hauptnahrung der Wale. Forscher gehen aber davon aus, dass nicht jeder Pottwal Ambra bildet, sondern nur Tiere mit einem bestimmten Gendefekt.Ambra ist Gegenstand vieler Mythen und Legenden rund um die Welt. Im alten China glaubte man, es stamme aus dem Speichel von Drachen, die auf Felsen am Meer schliefen.

Vorwort

„Wenn das Meer stirbt, stirbt auch der Mensch!“

Dieses Zitat von Paul Watson, dem Gründer der Meeresschutzorganisation Sea Shepherd, trifft es ziemlich genau auf den Punkt. Dieser Satz sollte uns alle wachrütteln!

Denn es ist mittlerweile eine Tatsache, die nicht mehr bestritten werden kann: Das Meer stirbt tatsächlich. Und nicht nur für jemanden wie mich, der sich mit dem Meer verbunden fühlt, seit er denken kann, ist das eine Katastrophe. Die Katastrophe betrifft uns alle – sie ist eine globale Tragödie.

Schadstoffe wie ungeklärte Abwässer, Plastik oder Erdöl gelangen nach wie vor in viel zu großen Mengen in die Ozeane. Überfischung und Beifang sowie der Klimawandel gefährden die Existenz ganzer Spezies in den marinen Lebensräumen. Aber auch ungezügelte Rohstoffgewinnung im Meer und die Versauerung der Ozeane tragen dazu bei, dass die marinen Ökosysteme an vielen Orten schon kurz vor dem Kollaps stehen.

Dabei sind auch wir vom Meer abhängig. Millionen Menschen dient es als Nahrungsgrundlage. Die Ozeane liefern 70 Prozent des weltweiten Sauerstoffs. Sie regulieren das Klima und sind die treibende Kraft für den Wasserkreislauf, ohne den es auf der Erde kein Leben gäbe. Wenn das Meer stirbt, stirbt nicht nur der Mensch – sondern wahrscheinlich auch alles andere Leben auf unserem Planeten.

Doch den Kopf in den Sand zu stecken ist natürlich keine Alternative. Daher sind die Fragen, die sich jeder von uns stellen sollte, ganz klar: Wie sehen die Lösungen für die Probleme unserer Ozeane und der darin lebenden Tiere und Pflanzen aus? Welche Maßnahmen müssen ergriffen werden, um unsere Meere vor dem ökologischen Kollaps zu retten? Und vor allem: Wie verbreitet man das Wissen um diese Lösungen am besten?

Mit diesem Buch, das ein wichtiger Bestandteil meines globalen Projektes „Helden der Meere“ ist, möchte ich die Schönheit dessen zeigen, was wir zu verlieren drohen, wenn wir nicht bald den Weg einschlagen, der unsere Meere nachhaltig schützt. Und ich möchte meinen Lesern einige beeindruckende Beispiele vorstellen, wie Lösungen aussehen können. Von den Menschen, die ich hier porträtiere, kann man vor allem eins lernen: Es geht darum, dass wir alle aktiv werden.

Natürlich muss nicht jeder gleich zum Aktivisten werden oder einen Tauchschein machen. Es sind Beispiele, die zeigen, dass es unglaublich viele Möglichkeiten gibt, sich zu engagieren.

Ein Geschenk der Meeresgötter?

Mein persönlicher Weg zur Rettung unserer Ozeane, der Weg zu diesem Projekt, wurde vor einigen Jahren durch einen Wink des Schicksals geebnet. Es geschah zu einer Zeit, als ich mich bereits dem Thema Ozeane widmete und mir bewusst wurde, wie dringend wir alle etwas unternehmen müssen.

Allein das Startkapital für dieses Projekt fehlte mir. Ich saß am Strand, betrübt über die Situation, etwas tun zu wollen, sogar schon einen Plan zu haben, doch nicht die finanziellen Mittel. Das Rauschen der Wellen, der Wind … allein mit meinen Gedanken. Doch jeder Tag neigt sich irgendwann einmal dem Ende zu, und so wanderte ich am späten Nachmittag zurück zum Parkplatz, als ich über einen seltsamen, stinkenden Brocken stolperte. Seine außergewöhnliche Form faszinierte mich und ich entschied, ihn einfach mitzunehmen.

Was ich damals gefunden habe, war mir in diesem Moment natürlich noch nicht klar, ermöglichte mir jedoch im Nachhinein die Finanzierung der ersten wichtigen Reisen. Mit einem Klumpen Ambra fing alles an. Ein wertvolles Geschenk des Meeres, des Schicksals, das mir den Start in dieses Projekt ermöglichte. Diese wachsartige Substanz, die von Pottwalen ausgeschieden und bisweilen an den Stränden der Weltmeere angeschwemmt wird, ist sehr selten und wird für die Herstellung von teuren Parfums verwendet. Heute, nachdem so viele Reisen und eine erfolgreiche Crowdfunding-Kampagne hinter mir liegen, möchte ich den Meeren etwas zurückgeben. Mein Ziel ist es, mit diesem Buch auf die Dringlichkeit hinzuweisen, dass wir uns alle für unsere Ozeane einsetzen müssen. So, wie es die Helden auf den folgenden 224 Seiten bereits tun. Sie sind die Vorbilder, von denen wir lernen können. Von ihrer Arbeit profitieren nicht nur die Meere, sondern am Ende auch wir selbst. Denn wenn die Meere überleben, überlebt vielleicht auch der Mensch.

York Hovest

Inhalt

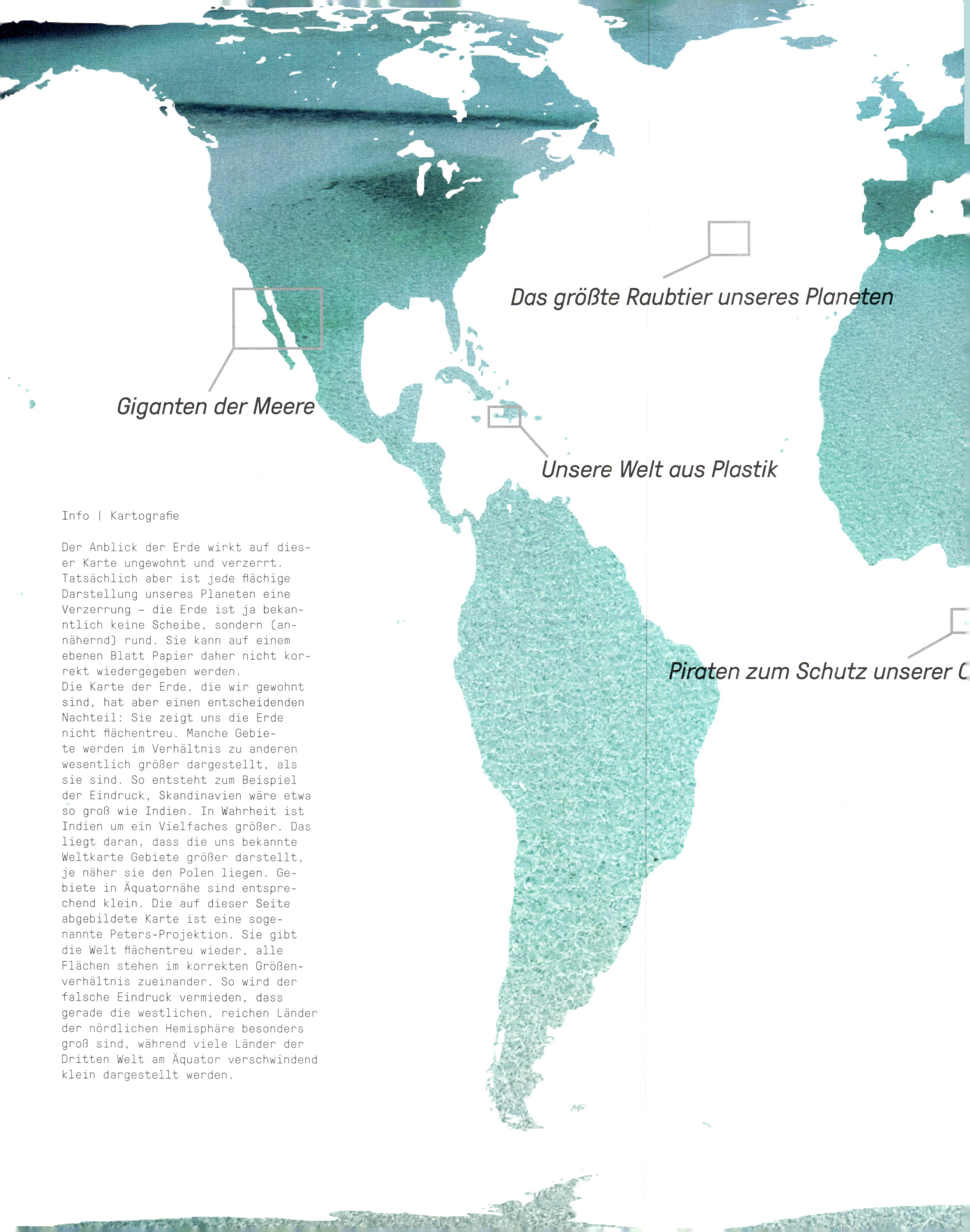

Info | Kartografie

Der Anblick der Erde wirkt auf dieser Karte ungewohnt und verzerrt. Tatsächlich aber ist jede flächige Darstellung unseres Planeten eine Verzerrung – die Erde ist ja bekanntlich keine Scheibe, sondern (annähernd) rund. Sie kann auf einem ebenen Blatt Papier daher nicht korrekt wiedergegeben werden.
Die Karte der Erde, die wir gewohnt sind, hat aber einen entscheidenden Nachteil: Sie zeigt uns die Erde nicht flächentreu. Manche Gebiete werden im Verhältnis zu anderen wesentlich größer dargestellt, als sie sind. So entsteht zum Beispiel der Eindruck, Skandinavien wäre etwa so groß wie Indien. In Wahrheit ist Indien um ein Vielfaches größer. Das liegt daran, dass die uns bekannte Weltkarte Gebiete größer darstellt, je näher sie den Polen liegen. Gebiete in Äquatornähe sind entsprechend klein. Die auf dieser Seite abgebildete Karte ist eine sogenannte Peters-Projektion. Sie gibt die Welt flächentreu wieder, alle Flächen stehen im korrekten Größenverhältnis zueinander. So wird der falsche Eindruck vermieden, dass gerade die westlichen, reichen Länder der nördlichen Hemisphäre besonders groß sind, während viele Länder der Dritten Welt am Äquator verschwindend klein dargestellt werden.

Ziehvater einer neuen Korallengeneration
ne
Bedrohtes Paradies im Indischen Ozean

Ort:
Indischer Ozean
Ostafrika
Tansania
Sansibar
Chumbe Island

Herausforderung:
Ausbeutung des Meeres (Küsten)

Helden:
Wissenschaftler und Meeresbiologen
Leibniz-Zentrum für Marine Tropenforschung (ZMT)

Aufgabe/Ziel:
Forschung
Aufklärung
Feldarbeit
Maßnahmenerarbeitung

Bedrohtes Paradies im Indischen Ozean

Sansibar. Ursprung unzähliger Abenteuergeschichten und Sehnsuchtsort vieler Reisender rund um die Welt. Der mystische Klang dieses Namens erzeugt in uns ein Gefühl von Fernweh wie kaum ein anderer Ort dieser Erde.

Azurblaues Wasser vor weißen, endlosen Stränden, eine verwinkelte, pittoreske Altstadt islamischer Prägung, eine exotische Kultur mit faszinierenden Bräuchen, Traditionen und Geschichten und natürlich: die immerwährende Sonne nahe dem Äquator. Sansibar klingt in den Ohren vieler wie das reinste Paradies.

Doch genau diese Anziehungskraft ist es auch, die den Küstenökosystemen in der Region – neben dem Klimawandel – am stärksten zu schaffen macht. Denn wo Touristen in Scharen kommen, da ist auch der Souvenirhandel nicht fern. Wer von uns bringt den Daheimgebliebenen nicht gern ein kleines Andenken mit? Eine kleine lokale Schnitzerei hier, eine farbenfrohe Muschel vom Strand um die Ecke da. Unterstützt den einheimischen Handel. Und schadet ja niemandem. Oder?

Genau um diese Andenken dreht sich eine Studie zweier Wissenschaftlerinnen des Leibniz-Zentrums für Marine Tropenforschung, kurz ZMT, hier auf Sansibar. Es geht ihnen um die hübschen bunten Muscheln, die es an jeder Ecke, in vielen Läden, am Strand und in den Hotels zu kaufen gibt.

Sansibar: Hotspot im Indischen Ozean

Die Anreise nach Sansibar verläuft reibungslos. Natürlich. Aufgrund der Beliebtheit des Urlaubszieles sind alle logistischen Komponenten perfekt ausgebaut und bringen täglich Touristen aus aller Welt zielsicher auf die Insel vor der Küste Tansanias, nur wenige Hundert Kilometer südlich des Äquators in Ostafrika. Dutzende Hotels reihen sich an den beliebtesten Stränden aneinander und bieten Komfort auf internationalem Niveau. Auch ich habe mir für die ersten Tage ein Zimmer mit Klimaanlage gebucht. Allerdings in einem familiengeführten kleinen Apartmenthaus in Stone Town, in dem auch die ebenfalls aus Deutschland angereisten Mitarbeiter des Leibniz-Zentrums untergebracht sind. Die beiden Biologinnen, Gita und Theresa, werde ich in den kommenden Tagen begleiten und mir einen Eindruck von ihrer Arbeit machen, die für das Überleben unserer Meere so wichtig ist.

Denn nur mithilfe der Erkenntnisse von Wissenschaftlern und Wissenschaftlerinnen können geeignete Maßnahmen ergriffen werden, um wirksame Lösungen für die Probleme unserer Ozeane zu entwickeln. Sie sind es, die die komplizierten biologischen und sozialen Zusammenhänge innerhalb eines Ökosystems erforschen sowie mit den Menschen, die davon direkt betroffen sind, interagieren und Maßnahmen entwickeln können. Besonders an Orten wie hier auf Sansibar.

Ich treffe die beiden jungen Frauen beim Frühstück und gemeinsam gehen wir den Tagesablauf durch. Als Erstes stehen die obligatorischen Besuche einiger Behörden an, um die nötigen Papiere für ihre und meine Arbeit hier zu erhalten. Danach treffen wir uns mit hiesigen Wissenschaftlern, die eng mit dem ZMT zusammenarbeiten. Ich halte mich dabei dezent im Hintergrund, doch merke schnell, dass vor der direkten Feldarbeit erst einmal eine Menge Bürokratie und Formelles stehen. Es ist eine schwierige Aufgabe,

Die Frauen von Sansibar bei der Jagd auf Tintenfische und Muscheln im flachen Wasser. Weiter hinein gehen sie nicht, da die meisten von ihnen nicht schwimmen können. Um beide Hände für die Jagd und das Sammeln frei zu haben, tragen sie ihre Eimer auf dem Kopf.

Hier wird also mit den Menschen gemeinsam nach Lösungen gesucht, damit am Ende allen geholfen werden kann.

Info | Sprache

Das Sansibar-Archipel wurde von arabischen Händlern bereits im achten Jahrhundert bereist. Aus den Kommunikationsschwierigkeiten mit den Einheimischen entstand Swahili, eine Mischsprache aus Arabisch und den Sprachen der Bewohner Sansibars. Swahili wird heute von mehr als 80 Millionen Menschen gesprochen.

die hier vor uns liegt. Auf der einen Seite wird der aktuelle Gesundheitszustand der küstennahen Gewässer untersucht, Zahlen werden gesammelt, Proben genommen und ausgewertet. Der wissenschaftliche Teil. Auf der anderen Seite steht das Menschliche, denn auch die Bewohner vor Ort leiden unter der zunehmenden Ausbeutung unserer Meere und der Verschmutzung und Überlastung unseres Planeten. Die Einheimischen auf Sansibar können und wollen schon lang nicht mehr nur von der Fischerei leben. Die Folgen des Klimawandels haben auch hier die Korallen beinahe komplett zerstört und damit die Existenzgrundlage vieler anderer Meeresbewohner. Die Folge ist ein allmähliches Verschwinden der Tiere, die hier leben, was die Fischer wiederum dazu zwingt, sich zusätzliche, andere Einnahmequellen zu suchen.

Der Handel mit Muschelschalen ist so ein lukratives Geschäft, das mittlerweile viele hier betreiben, obwohl die Ausfuhr vieler Arten nach dem Washingtoner Artenschutzabkommen auch in Tansania illegal ist. Ursprünglich waren die Muscheln lediglich Teil der traditionellen Ernährung der Einheimischen und ihre Schalen wurden meist gar nicht genutzt. Sie landeten auf großen Haufen hinter den Häusern, wurden an Hühner verfüttert oder zu einem geringen Teil, bei besonders schönen Exemplaren, für die Schmuckherstellung verwendet. Erst die Tatsache, dass die Touristen offenbar bereit waren, hohe Preise für die Muscheln zu bezahlen, hat das Sammeln zu einem folgenschweren Geschäft gemacht. Die Zahl der dem Meer entnommenen Tiere ist seither stark angestiegen.

Gita und Theresa möchten mit ihrer Feldarbeit herausfinden, wie hoch die Populationsunterschiede zwischen den Sammelgebieten und vergleichbaren Naturreservaten sind. Um aus all diesen Informationen Hilfsmaßnahmen für die Küstenökosysteme entwickeln zu können, führen die Forscherinnen aber auch Interviews mit den Einheimischen, um deren Wissen über die Muschelarten, die traditionell oder zu Verkaufszwecken gesammelt werden, mit in die Studie aufzunehmen. Hier wird also mit den Menschen gemeinsam nach Lösungen gesucht, damit am Ende allen geholfen werden kann.

Muscheln: Unabdingbar für ein ganzes Ökosystem

Muscheln gehören in ein intaktes Ökosystem genauso wie die Korallen, Fische und alle anderen Meeresbewohner. Sie sind ein wichtiger Indikator für die Wasserqualität, da sie große Mengen an Wasser auf der Suche nach Nahrung durchfiltern und so auch mit den darin enthaltenen Giftstoffen in Kontakt kommen. Diese können später im Muschelfleisch nachgewiesen werden und geben somit Rückschlüsse auf die Qualität des Gewässers.

Auch tot sind die leeren Schalen von Muscheln und Schnecken als Kalklieferanten wesentlich für ein funktionierendes Küstenökosystem. Die von ihnen hinterlassenen Kalkschalen lösen sich nach und nach im Wasser auf oder werden durch dessen Einwirkung zerrieben. Sie können dann von anderen Meeresbewohnern

Einer der vielen Muschelhändler am Strand von Sansibar. Mit dem Verkauf der Schalen verdienen sich die Menschen hier ein wichtiges Zubrot, das ihnen die Verluste von immer schlechteren Fangergebnissen beim Fischen ausgleicht.

Sie glänzen in den schönsten und vielfältigsten Schattierungen von strahlendem Weiß über Apricot bis hin zu sattem Nussbraun. Muscheln sind für die Touristen auf Sansibar ein typisches Andenken und kaum einer macht sich Gedanken über Legalität oder gar die Bedeutung dieser Tiere für die marinen Küstenökosysteme.

INFO | GESCHICHTE

Jahrhundertelang war Sansibar eine der wichtigsten Handelsmetropolen im Indischen Ozean. Der Sklavenhandel sowie der Handel mit Elfenbein oder Gewürznelken machten die Inseln reich und berühmt.

wie Korallen und nachfolgenden Muschel- und Schneckengenerationen aufgenommen und zur Bildung des eigenen Kalkskelettes genutzt werden. Werden aber große Mengen an Muscheln und Schneckenhäusern aus dem Meer entfernt und landen zur Zierde im heimischen Badezimmer oder auf der Fensterbank, fehlt dem Ökosystem und seinen Bewohnern der Kalk, sie können ihre Körper nicht mehr ausreichend stützen und vor Fraßfeinden schützen. Den Wissenschaftlerinnen geht es um die zukünftigen Entwicklungen der Regionen, in denen sie arbeiten, und darum, wie man Lösungen für die Probleme finden kann, die jeweils vorherrschen.

Auch jeder von uns kann sich daher im Vorfeld seines Urlaubes informieren, was er vielleicht besser nicht mit nach Hause nehmen sollte. Denn besonders in den ärmeren Küstenregionen der Welt sind die Menschen von einem intakten Ökosystem im Meer abhängig. Sie leben von der Fischerei, vom Muschelnsammeln oder vom Tauchen. All diese Einnahmequellen sind jedoch nur ertragreich, wenn man nachhaltig mit ihnen umgeht.

Eine Insel wie ein kleines Paradies

Doch die Muscheln sind nur ein kleiner Teil eines viel größeren ökologischen Problems hier auf Sansibar: Steigende Wassertemperaturen, verursacht durch die globale Erderwärmung, haben die natürlichen Riffe nahe der Küsten stark geschädigt, was sich auch auf die Fischpopulationen negativ auswirkt. In Interviews mit hiesigen Tauchexperten erfahren wir, dass mittlerweile kaum noch etwas zu sehen ist, wenn man Touristen die Unterwasserwelt näherbringen möchte. Große Fische, wie zum Beispiel Haie, bekäme man erst sehr weit draußen vor der Küste zu Gesicht. Und auch dort nur noch selten.

Davon will ich mir selbst ein Bild machen. Glücklicherweise haben wir für diese Reise einige Sondergenehmigungen erhalten, in einem speziell für Forschungszwecke ausgewiesenen Korallenriff vor der kleinen Insel Chumbe schnorcheln zu dürfen. Das kleine Eiland ist auch für die beiden jungen Frauen des ZMT eine Anlaufstelle für ihre Feldforschung.

Chumbe Island an seiner nördlichsten Spitze. Dieses wunderbare kleine Juwel liegt mitten in einem Naturschutzgebiet, in dem die Forscherinnen des ZMT ihre Vergleichsproben nehmen. Hier entwickelt sich die Natur ungestört, da Tourismus nur sehr eingeschränkt zugelassen wird. Fischen und Tauchen sind hier verboten, ebenso wie das Sammeln von Muscheln. Der Blick hinaus auf den Indischen Ozean beflügelt die Sinne und die Fantasie. Ein Hauch von Robinson Crusoe, der die Besucher von Chumbe Island so schnell nicht wieder loslässt.

Perfekt getarnt schlängelt sich diese Muräne über den sandigen Grund vor der Küste Tansanias. Ein seltener Anblick, denn normalerweise verlassen die Tiere ihre Verstecke tagsüber nicht.

Hier ist Vorsicht geboten. Wie bei vielen Seeigelarten sind auch die Stacheln des roten Diademseeigels giftig. Dennoch ist er wunderschön anzuschauen. Diese Art lebt bevorzugt in flachen Gewässern und findet sich häufig hier an der ostafrikanischen Küste.

Weiß strahlt der alte Leuchtturm auf Chumbe in der Abendsonne. Bei Dämmerung beginnt die Zeit der Palmendiebe. Diese an Land lebenden Krebse sind die größten der Welt und auf der kleinen Insel zu Dutzenden beheimatet.

Auf der Insel selbst befindet sich neben einem kleinen, nachhaltig wirtschaftenden Resort nur noch ein alter Leuchtturm. Wir werden für ein paar Nächte inmitten der tropischen Vegetation der Insel bleiben, umgeben von nichts als azurblauem Wasser.
Chumbe Island ist ein Paradies, trotz aller Probleme. Flach und lang gestreckt erhebt sich die Insel etwa sieben Kilometer entfernt von der Hauptinsel des Sansibar-Archipels aus dem Indischen Ozean. Der leuchtend weiße Leuchtturm sticht aus der sattgrünen, von oben undurchschaubaren Pflanzenpopulation aus dem Dickicht, unten, zwischen den Pflanzen, fühlt man sich wie auf Robert Louis Stevensons Schatzinsel.

Das Meer um das Eiland leuchtet in Tönen von Hellgrün über Azurblau bis hin zu einem sandhellen Beige. Die Insel war viele Jahre lang militärisches Sperrgebiet, weswegen sie ihre natürliche Flora und Fauna zu großen Teilen erhalten konnte.

Im Riff vor der Küste, seit 1994 Naturschutzgebiet, leben nach wie vor über 200 Steinkorallenarten, Tendenz aber auch hier: sinkend.
Ich habe mir vorgenommen, die hiesige Unterwasserwelt mit dem Schnorchel und meiner Kamera zu erkunden. Flaschentauchen ist im Naturschutzgebiet nicht gestattet. Der Wasserspiegel liegt bei Ebbe nur wenige Zentimeter über den spitzen und scharfkantigen Kalkstrukturen und macht eine Erkundung unmöglich. Erst bei Flut, wenn zwischen der Wasseroberfläche und dem Korallengrund knapp zwei Meter liegen, kann man ohne größere Gefahr schnorcheln gehen. Während Gita und Theresa Muschel- und Sedimentproben sammeln, um sie mit den Proben von den Touristenstränden zu vergleichen, tauche ich ab in diese fremde und unglaublich tropische Unterwasserwelt von Chumbe Island.

Leben und Sterben eines Korallenriffs

Eines fällt mir sehr schnell auf: Durch den strengen Naturschutz konnte sich einiges an Leben hier halten, doch die Vielfalt, die man normalerweise erwarten würde, ist nicht mehr vorhanden.

Weite Teile des Riffes sind auch hier bereits abgestorben und die übrig gebliebenen Korallenskelette prägen das Bild. Eine graue Wüste breitet sich vor mir aus und lässt das Bild vom „Coral Bleaching“ in meinem Kopf ganz neue Dimensionen annehmen. „Coral Bleaching“, oder auf Deutsch Korallenbleiche, bezeichnet den Effekt, den die Erwärmung der Meere auf die sensible Symbiose zwischen Korallen und den in ihren Zellen lebenden Algen, den sogenannten Zooxanthellen, hat. Ab einem Temperaturanstieg auf über 29 Grad beginnen die Einzeller stressbedingt, Giftstoffe abzusondern, woraufhin sie von der Koralle abgestoßen werden. Diese verliert dadurch nicht nur ihre Farbenpracht, sondern auch den lebensnotwendigen Zucker, den ihr die Zooxanthellen liefern, und kann im schlimmsten Fall zugrunde gehen. Das Phänomen der Korallenbleiche ist nicht neu. Es tritt jedoch aufgrund der immer schneller voranschreitenden Erwärmung der Ozeane in immer kürzer werdenden

Info | Geschichte

Der sogenannte Britisch-Sansibarische Krieg war der kürzeste Krieg der Weltgeschichte. Am 27. August 1896 dauerte er von 9.00 Uhr bis 9.38 Uhr. Nachdem der Sultan von Sansibar kurz zuvor verstorben war, versuchte dessen Cousin Chalid ibn Barghasch die Macht zu ergreifen. Die Kanonen der britischen Kolonialherren brauchten ganze 38 Minuten, um ihn von diesem Plan abzubringen.

Abständen auf. Eine Genesung kann unter Umständen viele Jahrzehnte dauern und ist abhängig von der Größe und dem Alter des Riffes. Doch der Klimawandel schreitet unerbittlich voran und gibt den Korallen kaum mehr eine Chance, sich zu regenerieren.

Dabei ist die Korallenbleiche nur eine der vielen Gefahren, denen die Riffe ausgesetzt sind. Auch Zerstörungen durch unachtsame Taucher, fahrlässig ausgeworfene oder verlorene Schiffsanker und Verwirbelungen durch die kommerzielle Schifffahrt setzen den Riffen zu. Weltweit, so schätzen Wissenschaftler, werden bis zum Jahr 2030 circa 60 Prozent der Korallenriffe zerstört sein.

Wie so ein stark in Mitleidenschaft gezogenes Riff aussehen kann, zeigt sich auf Chumbe Island deutlich. Die einzigen Farben, die hier unten zu sehen sind, sind die der bunten kleinen Fische, die noch immer ausharren und Nahrung finden. Im Vergleich zu den flachen Gewässern vor Sansibar finde ich hier keine Seegrasflächen vor. Die kleine Insel ist komplett von Korallenbänken umgeben. Und obwohl wir uns hier in einem Gebiet befinden, das für den Tourismus und die Fischerei extrem reglementiert wurde, erholt sich die Natur nur sehr langsam. Ob das Leben in all seiner Hülle und Fülle und all seinen Farben jemals wiederkommen wird, ist fraglich.

Doch um genau diese Entwicklungen zu beobachten, sind wir hier. Nur mithilfe von Langzeitstudien können sich die Forscher ein Bild machen vom Einfluss, den der Mensch auf diese Entwicklung nimmt. Daher ist es auch umso wichtiger, mit den Einheimischen hier zu sprechen. Ihre Traditionen kennenzulernen, ihre Bedürfnisse zu verstehen. Ihr jahrhundertealtes Wissen um die Unterwassertierwelt ist einzigartig und komplex und hilft den Wissenschaftlern, die Wichtigkeit einzelner Muscheln oder Fische für das Überleben der Menschen hier zu erkennen. Es ist immer eine Gratwanderung zwischen dem Schutz der Natur und der Erhaltung menschlicher Grundbedürfnisse und Traditionen.
Und besonders der Tourismus hat einen erheblichen Einfluss auf diese Balance. Scharen von Urlaubern, die in unzähligen Hotels nach perfekter

Das Absterben der Korallenriffe ist ein Prozess, der kaum aufgehalten werden kann. So wie hier vor der ostafrikanischen Küste in Tansania sieht es mittlerweile auch an unzähligen anderen Orten aus. Graue Wüsten, die nur noch wenigen Fischen genug Schutz und Nahrung bieten.

Zwei Weißkehl-Doktorfische bilden den einzigen Farbkontrast zu den toten Korallen. Die Hülle und Fülle an bunten Fischen und Korallen in einem gesunden Riff ist heutzutage leider ein Anblick, den man als Taucher nicht mehr oft zu sehen bekommt.

Ein einsames Segelboot hebt sich schwarz vor der untergehenden Sonne im Indischen Ozean ab. Es ist diese Art der Romantik, die in vielen von uns eine gewisse Sehnsucht weckt, aufzubrechen und das Paradies zu suchen.

Nahe dem Äquator sind die Sonnenuntergänge kurz, noch ein paar Minuten, und es wird stockfinster sein.

Entspannung suchen, bringen viel Geld ins Land. Und sie geben dieses nur allzu gern für exotische Mitbringsel wie Muscheln aus. Ein weiterer Ansatzpunkt für Gita und Theresa, sich ein Bild von der Situation der Menschen hier zu machen. Unzählige Stände, bestückt mit bunten und außergewöhnlich geformten Muscheln, reihen sich am Strand vor den großen Touristenhotels aneinander. Es ist ein Teufelskreis, der genaues Abwägen nötig macht und nur durch gemeinsame Anstrengungen von direkt vor Ort lebenden Menschen, nationaler und internationaler Politik und dem Tourismus, unterstützt von Forschung und Wissenschaft, durchbrochen werden kann. Jeder Reisende kann hierbei einen ausschlaggebenden Einfluss ausüben und Verantwortung wahrnehmen, denn auch seine Nachfrage bestimmt, ob der Handel mit Muscheln und Muschelprodukten auch weiterhin ein lohnendes Geschäft bleibt. Verantwortungsbewusstes Handeln ist mit Sicherheit einer der Lösungswege, wie wir unsere Ozeane am ehesten retten können. Das wissen auch Gita und Theresa. Allerdings muss man diesen Weg behutsam gehen, und vor allem müssen Alternativen für die Einheimischen geschaffen werden. Denn Mensch und Natur gehen immer Hand in Hand, eines gibt es nicht ohne das andere.

Es ist Abend geworden und die Sonne hängt tiefrot über der dunkler werdenden Vegetation von Chumbe Island, während ich triefend nass aus dem Meer zurück an Land steige. Nahe dem Äquator sind die Sonnenuntergänge kurz, noch ein paar Minuten, und es wird stockfinster sein. Kurz vor dem Ende meines Besuches dieser bedrohten Unterwasserwelt habe ich zwischen den sterbenden Korallen einen jungen Napoleon-Lippfisch gesehen, den man – nach den Aussagen von Tauchern – hier eigentlich kaum noch finden kann. Ein gutes Zeichen, glaube ich.

Muräne

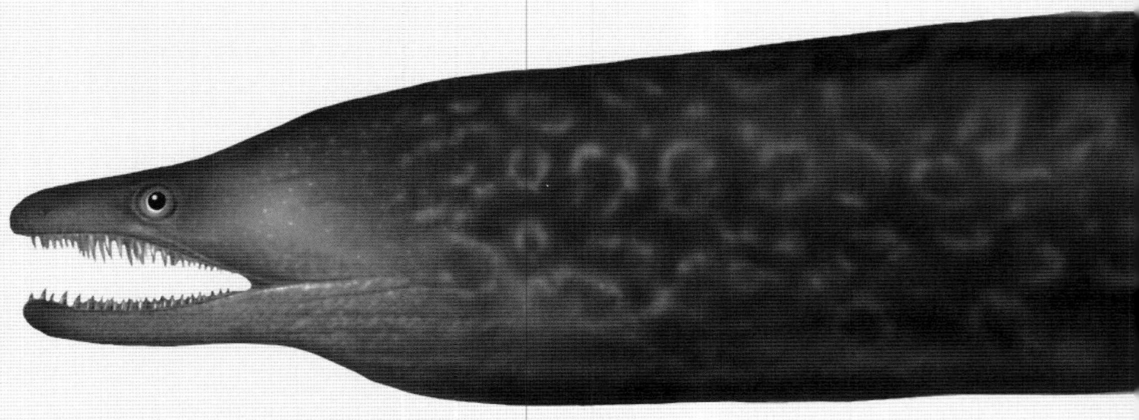

„Der Anblick einer Muräne ist jedes Mal etwas Besonderes für mich. Die Tiere haben einen ganz eigenen Reiz und wirken durch ihre versteckte Lebensweise sehr geheimnisvoll. Manche Arten leben so verborgen, dass man fast nichts über sie weiß."

Vorkommen:
tropische und subtropische Meere, vor allem an Korallenriffen

Größe:
(je nach Art) 17 cm bis 4 m

Ernährung:
Fleischfresser

Muräne und Mensch:
An Korallenriffen werden Muränen oft von Menschen gefüttert. Daran gewöhnte Muränen verändern ihr Verhalten, jagen nicht mehr und werden Tauchern gegenüber aufdringlich.

Info | Muräne

Muränen sind in den unterschiedlichsten Formen und Farben in allen tropischen und subtropischen Küstenregionen beheimatet. Sie gehören zur Familie der Aalartigen Knochenfische und können mehrere Meter lang werden. Sie leben in Korallenriffen versteckt in Höhlen, Felsspalten und Nischen, wobei meist nur der Kopf mit dem zahnbewehrten Maul herausschaut. Die Tiere wirken auf Taucher oft aggressiv, da das stetige Öffnen und Schließen des großen Mauls, das für die Atmung der Tiere unerlässlich ist, oft mit einer Drohgebärde verwechselt wird. Muränen fressen ausschließlich Fleisch. Auf ihrem Speiseplan stehen allerlei Fische und Krebstiere, und auch vor Aas schrecken sie nicht zurück.

Die sogenannten Haarsterne werden – ähnlich wie Korallen – häufig für Pflanzen gehalten. Kein Wunder, sehen ihre Fangarme den Zweigen von Farnen doch sehr ähnlich. Haarsterne aber können sich am Meeresboden fortbewegen, manche Arten sogar schwimmen. Auf erhöhten Positionen im Wasser sitzend, filtrieren sie nachts und in der Dämmerung Plankton aus der Umgebung. Tagsüber bleiben sie zusammengerollt in Höhlen und Spalten.

Ort:
Indischer Ozean
Andamanensee
Westküste Südthailand
Inselgruppe Ko Phi Phi

Herausforderung:
Korallensterben
Massentourismus

Helden:
Andrew Hewett
Taucher und freiwillige Helfer

Aufgabe/Ziel:
Korallenaufzuchtstation
Kampf gegen die Erderwärmung und die Korallenbleiche
Erzeugung von Aufmerksamkeit für die Schutzbedürftigkeit der Riffe

Ziehvater einer neuen Korallengeneration

Unzählige Touristen kommen täglich für ein paar Minuten hierher, um den wohl berühmtesten Strand Thailands zu besuchen. Maya Bay, den meisten besser bekannt als „The Beach" – eine kleine Bucht, die berühmt geworden ist durch den gleichnamigen Film mit Leonardo DiCaprio.

Ein Touristenmagnet, gelegen auf der Insel Ko Phi Phi Leh, der jahrzehntelang die Massen an Besuchern ertragen musste. Auf Schiffen hergebracht, stellen sie sich in langen Besucherschlangen auf, um für einen kurzen Augenblick den Strand betreten zu dürfen. Nur um gleich wieder Platz zu machen für die nächste Welle an Touristen. Doch was sich zu einer Katastrophe für das Ökosystem entwickelt hat, wird heute von der Regierung streng reglementiert. Der Strand ist mittlerweile auf unbestimmte Zeit gesperrt, was zumindest dem Naturschutzgebiet dieser berühmten Bucht zugutekommt. Die Menschenmengen sind geblieben, jedoch auf Abstand.

Natürlich lohnt sich der Anblick: Gerade von oben wirkt Maya Bay wie eine Landschaft aus James Camerons monumentalem Film *Avatar*, fast schon skurrile Felsformationen vor atemberaubender Tropenvegetation. Ko Phi Phi Leh und die größere Nachbarinsel Ko Phi Phi Don haben aber noch mehr zu bieten und lassen so manch ein Taucherherz höherschlagen. Mitten in der Andamanensee gelegen, erfüllen sie den Traum von weißen Stränden unter Palmen, umringt von türkisblauem Wasser. Gleichzeitig ragen dicht bewaldete Kalksteinfelsen an manchen Stellen Hunderte Meter aus dem Meer hervor, die schroffen Steilhänge bilden einen seltsamen Kontrast zum sanften Grün und Blau des sie umgebenden Meeres.

Ein echter Held der Meere

Natürlich sind auch wir begeistert, als wir endlich im Zeavola Resort auf Ko Phi Phi Don ankommen, einem der weltweit nachhaltigsten Hotels, das sich wie kaum ein anderes mit dem Thema Umweltschutz auseinandersetzt. Hier wird für die nächsten Wochen unsere Basis sein. Mit im Team sind dieses Mal Katrin Eigendorf, die uns bei Videoaufnahmen und den Interviews unterstützt, sowie mein Kameramann Michael Schinner. Vom Zeavola Resort aus planen wir Tauchgänge rund um die Insel und treffen einen Mann, der für mich den Titel „Held der Meere" zu Recht verdient hat.

Andrew Hewett ist kein Schauspieler, er hat diese Inseln nicht berühmt gemacht. Doch er liebt ihre Natur und bewegt mit seiner Arbeit mehr als viele andere – mit Herzblut und Leidenschaft. Nachdem weite Teile Phi Phis im Jahre 2004 von einem Tsunami über und unter Wasser zerstört worden waren, kümmerte sich Andrew als Leiter des Projektes „Phi Phi Tsunami Dive Camp" mit der Hilfe vieler Freiwilliger um die Säuberung der von Müll und Schutt bedeckten Strände. Doch damit nicht genug. Andrew baute 2006 gemeinsam mit dem Phuket Marine Biological Center eine Korallenaufzuchtstation vor der Küste Phi Phis auf, die er mit seiner Tauchschule, dem Adventure Club, bis heute betreibt. Sein Ziel ist die Wiederansiedlung von Korallen auf

INFO | GEOGRAFIE

Die Inselgruppe Ko Phi Phi besteht aus den beiden Inseln Ko Phi Phi Don, Ko Phi Phi Leh und einigen kleineren Nachbarinseln. Eine nach wie vor große Artenvielfalt der sie umgebenden Korallenriffe macht die Inseln gerade bei Tauchern sehr beliebt. Gemeinsam bilden sie den Hat Noppharat Thara Marine-Nationalpark.

künstlichen Riffen, um der einzigartigen Vielfalt an Leben in diesen Gewässern wieder neue Chancen zu geben.

Doch wie sieht es momentan dort unten wirklich aus? Wie haben sich Flora und Fauna vor den Inseln in den letzten Jahren entwickelt, gibt es sogar Anlass zum Aufatmen? Oder ist eher das Gegenteil der Fall?

Ein mehr als ernüchternder Tauchgang

Wir alle kennen die wunderschönen, farbenfrohen Korallenbänke, um die sich Myriaden von bunten Fischen versammeln. Ob selbst erlebt, im Fernsehen oder auf der Kinoleinwand beobachtet: Beim Gedanken an ein Korallenriff haben wir Nemos, Papageienfische und Anemonen im Kopf.

Doch schon unser erster Tauchgang wird diese Vorstellung revidieren. Gemeinsam mit einem ortskundigen Tauchlehrer fahren wir an einen der beliebtesten Spots der Insel, wo wir uns selbst ein Bild vom Zustand der Riffe machen wollen. Doch die anfängliche Freude weicht schnell der Erkenntnis, dass der Klimawandel auch hier seine Spuren hinterlassen hat. Die Korallenbleiche fordert überall auf der Welt ihren Tribut, und so werden wir Zeuge des Sterbens einer einzigartigen Tierwelt. Beinahe grau in grau liegt diese früher so bunte Welt vor uns. Zwar lugen immer noch Fische in hellen Neonfarben zwischen Felsvorsprüngen und Korallenbänken hervor, bunte Anemonen wiegen sich in der Strömung. Aber an vielen Stellen: dürre, ausgebleichte Korallen mit knochigen, nach oben gereckten Fingern. Wie Skelette sehen sie aus und vor meinem geistigen Auge entsteht das Bild dieses Riffs in vielleicht zehn Jahren. Die Welt hier wird dann grau und tot sein – wenn wir es nicht schaffen, dem Klimawandel Einhalt zu gebieten.

Wie sensibel das Gleichgewicht ist, in dem diese Tiere (noch) leben, werden wir bald von Andrew erfahren. Doch zunächst einmal kehren wir ernüchtert zurück aus dem Wasser und ins Hotel. Hier weiß man um die Katastrophe. Man bemüht sich, den Gästen die fragilen Zusammenhänge zu erklären, sie zu sensibilisieren. In vielen Fällen klappt das auch, aber leider eben nicht in allen. Das Hotel selbst ist ein gutes Beispiel dafür, wie man auch in der Tourismusbranche seinen ökologischen „Fußabdruck" so klein wie möglich halten kann. So gibt es hier einen hauseigenen Wasserkreislauf mit Aufbereitungsanlage, Abfallwiederverwertung und regelmäßige Strandsäuberungen. Das Personal bekommt Schulungen zum Thema Nachhaltigkeit und auch Touristen werden hier darüber informiert, wie sie sich am und im Wasser möglichst umweltschonend verhalten können. Plastikstrohhalme sucht man im Zeavola vergebens, dafür gibt es das hauseigene Trinkwasser kostenlos in Glasflaschen, die man wieder befüllen kann. Ein Lichtblick an diesem Tag, der uns mit dem ersten, ernüchternden Tauchgang viel zugemutet hat.

Das Zeavola Resort liegt wunderschön auf der Insel Ko Phi Phi Don. Doch um den Zauber dieser Insel zu bewahren, wird hier auch viel in Sachen Nachhaltigkeit und Umweltschutz getan. Hier stellt man sich der Verantwortung unserer Natur gegenüber.

Im Interview mit Andrew Hewett erfahren wir viel über seine Arbeit an der Korallenaufzuchtstation und sein Ziel, mehr Schutz für die hiesigen Riffe zu erreichen. Als passionierter Taucher erlebt er jeden Tag aufs Neue, wie noch immer achtlos mit dem Meer umgegangen wird – zugunsten des Profits.

Kinderstube für Korallen

Am folgenden Tag ist es so weit. Wir wollen Andrew in seiner Tauchstation besuchen und mehr über seine Arbeit erfahren. Besonders gespannt bin ich auf die Tauchgänge an der Korallenaufzuchtstation und den künstlichen Riffen. Andrew ist ein sympathischer Engländer, der uns herzlich begrüßt, als wir am Adventure Club ankommen. Nach einer kurzen Vorstellung begleiten wir ihn zu seinem Boot, wo bereits mehrere freiwillige Helfer auf uns warten. Sie alle arbeiten mit Andrew regelmäßig an den schwimmenden Unterwassergerüsten, die in circa vier Metern Tiefe als Zuchtstationen für die Korallensetzlinge dienen. Mit Zahnbürsten ausgerüstet säubern sie die empfindlichen Tiere von Algen und anderen Belägen, damit sie nicht schon vor dem Aussetzen absterben.

Es ist eine akribische Arbeit, die mehrere Stunden in Anspruch nimmt. Alles wird vermessen und notiert. So können im Nachhinein Wachstumsraten bestimmt und der beste Zeitpunkt für die Umsiedlung festgelegt werden. Sind die Korallen groß genug, werden sie von Andrew und seinem Team zu den künstlichen Riffen gebracht, die vor der Küste Phi Phis installiert wurden. Dort bilden sie den Grundstamm neuer Generationen von gesunden Riffen, die für unzählige Arten von Riffbewohnern ein Zuhause schaffen können. Doch die größte Gefahr für die Korallen kann dennoch nicht gebannt werden. Die Erwärmung der Ozeane ist auf Dauer wohl ihr größter Feind, erklärt uns Andrew. Lebensnotwendige Symbiosen brechen auf, sobald sich die Wassertemperatur dauerhaft auf über 29 Grad erwärmt. Das Todesurteil für die Tiere. Coral Bleaching ist ein Feind, den man nicht direkt bekämpfen kann, es sei denn, wir hätten die Chance, die Zeit zurückzudrehen.

Die einzige Hoffnung ist, zumindest alle anderen Gefahren für die Korallenriffe so weit wie

Info | Biologie

Korallen sind keine Pflanzen – auch wenn sie so aussehen mögen. Eng verwandt sind sie mit den Quallen und gehören zum Stamm der Nesseltiere. Sie leben ausschließlich in Meeren, zum Großteil in tropischen Gewässern. Kaum erforscht sind die Korallen kälterer Gewässer wie dem Mittelmeer, die in größerer Tiefe leben und erst seit den 90er-Jahren genauer erforscht werden.

In wenigen Metern Tiefe sind schwebende Netze verankert, auf denen die Korallensetzlinge heranwachsen können. Hier werden sie durch die Strömung immer mit frischen Nährstoffen versorgt und sind sicher vor Fressfeinden wie zum Beispiel dem Dornenkronen-Seestern. Mit weichen Zahnbürsten werden die Korallen in den Aufzuchtstationen regelmäßig gereinigt. Es ist langwierig, aber essenziell, wenn die Setzlinge überleben sollen. Bei dieser Gelegenheit werden die Korallen auch gleich vermessen und ihre Wachstumsraten ermittelt.

Eine weitere Art der Korallenaufzucht: Die Fragmente werden schwebend an einem künstlichen Korallenbaum aufgehängt. Die Arbeit ist mühsam, doch sie lohnt sich. Jedes Jahr kommen Studenten zu Andrew, um ihm beim Umsiedeln der Korallensetzlinge zu helfen. Im Anschluss werden die Bäume und Netze mit neuen Korallenfragmenten für ein weiteres Jahr bestückt.

möglich zu bekämpfen. Da die Aufzucht von Korallen sowohl zeitaufwendig als auch langsam und sehr teuer ist, liegt eines der Ziele von Andrews Arbeit daher in der Förderung eines nachhaltigen Tourismus. Immer wieder macht er sich stark für einen besseren Schutz der Korallenriffe und Meeresressourcen. Aufklärung spielt dabei eine wichtige Rolle. Denn wer sich vor seinem Urlaub mit den Regeln des Schnorchelns oder Tauchens beschäftigt und sich später auch daran hält, der hat schon viel erreicht. Sonnenmilch ist ebenso schädlich für Riffe wie darauf herumzulaufen.

Fische zu füttern erhöht zwar die Chancen auf ein gutes Foto, doch die Folgen für wichtige natürliche Nahrungsketten sind verheerend. Tiere, die sich sonst von den Eiern und Larven anderer Riffbewohner ernähren, gewöhnen sich an den Menschen, verlieren ihre Scheu und beginnen, sich auf die neue Futterquelle einzustellen. Es gibt vieles, worauf wir achten können, um die Natur nicht negativ zu beeinflussen. An erster Stelle steht jedoch, unseren Egoismus zu zügeln und nicht zu versuchen, das schönste Foto mit allen Mitteln zu erreichen.

Begegnungen der anderen Art

Schon am nächsten Tag werden wir, gemeinsam mit Andrew, nicht nur zu den künstlichen Riffen tauchen, sondern haben auch die Erlaubnis der Ranger erhalten, ein Naturschutzgebiet zu besuchen, in dem das Tauchen in den letzten Jahren gänzlich verboten war.

Die künstlichen Riffe sind unser erstes Ziel und ich freue mich wahnsinnig über die Chance, diese riesigen Stahlgebilde unter Wasser fotografieren zu dürfen. Der Tauchgang ist dann einfach beeindruckend. Die Artenvielfalt, die sich

INFO | BIOLOGIE

Korallen ernähren sich durch das Herausfiltern von Mikroplankton, Nährstoffen und Spurenelementen aus dem Wasser. Viele Korallen gehen zusätzlich Symbiosen mit Algen ein, deren Fotosynthese-Stoffwechsel mit dem Nährstoffhaushalt der Koralle verbunden ist. Diese Algen erzeugen die leuchtenden Farben der Tiere.

Farben wie hier in Thailand gehören schon lange nicht mehr zum Alltagsbild unter Wasser. Es gibt aber noch Orte, wo sich die Natur trotz des Menschen und seines negativen Einflusses behaupten konnte. Die Farbenpracht ist unvergleichlich.

Hunderte Seeigel, Anemonen, Rotfeuerfische und andere Riffbewohner haben diesen Platz zu ihrer Heimat gemacht.

hier in nur wenigen Jahren gebildet hat: umwerfend. Meterhohe leuchtend rote Gorgonien wiegen sich in der Strömung, umringt von farbenfrohen Fischen. Hunderte Seeigel, Anemonen, Rotfeuerfische und andere Riffbewohner haben diesen Platz zu ihrer Heimat gemacht. Einmal mehr beweist uns die Natur, dass das Leben immer einen Weg findet.

Es ist nicht verwunderlich, dass sich dieser Ort seit seiner Errichtung im Jahr 2006 zu einem bei Tauchern äußerst beliebten Ziel entwickelt hat. Beeindruckend zu sehen ist auch, wie durch Andrews Einfluss hier auf Ko Phi Phi eine solch positive Entwicklung stattfinden konnte. Mit der Unterstützung von Biologen und dem DMCR (Department of Marine and Coastal Ressources) ist es hier gelungen, einen Kampf aufzunehmen, der zwar schwierig scheint, doch zeigt, dass wir belohnt werden, was immer wir auch für unsere Umwelt tun.

Die Freude über so viel buntes Treiben wird nur noch von unserem zweiten Tauchgang übertroffen.

Im Naturschutzgebiet erwartet uns ein natürliches Riff, das sich während der letzten Jahre von allein erholen durfte und nun mit einem Artenreichtum aufwartet, den ich so selten erlebt habe. Schwärme gelber Schnapper ziehen um uns herum und hüllen uns ein in eine fantastische, fremde Welt. Überall wimmelt es von bunten Fischen. Papageien, Doktoren, Drückern, Barschen und Muränen. Zwischen beinahe jeder Anemone findet sich ein Clownfischpärchen. Es ist atemberaubend schön hier unten. Bis mir auf einmal der Ranger wild gestikulierend bedeutet, zu ihm zu kommen. Mit all dem Equipment ist es nicht leicht, schnell zu reagieren, und so versuche ich mein Bestes, die riesige Kamera in seine Richtung zu manövrieren. Bei ihm angekommen, traue ich meinen Augen nicht. Ein zweieinhalb Meter langer Zebrahai liegt ruhig unter uns am Grund. Eines der schönsten Tiere, das ich je gesehen habe. Pure Eleganz und Anmut, wenige Meter von uns entfernt. Langsam schwimme ich auf das Tier zu und überlege dabei, wie ich ihm so nah wie möglich kommen kann, ohne es zu verschrecken. Doch der Hai scheint sich nicht daran zu stören, und so habe ich genügend Zeit, die Schönheit dieses Tieres festzuhalten – bevor er dann doch langsam in die Weiten des Riffs entschwindet. Was für eine Begegnung! Einfach unglaublich.

Völlig begeistert kehren wir am späten Nachmittag zurück zur Tauchstation, wo ich mich noch einmal von ganzem Herzen bei Andrew bedanke, dass er uns diesen wertvollen Einblick in seine Arbeit gewährt hat. Eine Arbeit, die ihm viel abverlangt, doch deren Ergebnisse es wert sind, einfach immer weiterzumachen! Der Wille, nicht aufzugeben, ist es, der aus dem Tauchlehrer Andrew Hewett einen meiner Helden macht.

Es ist immer wieder erstaunlich, welche Muster und Farben sich die Evolution einfallen lässt. Der Honigwaben-Zackenbarsch und der Feuerfisch teilen sich zwar das rötliche Braun, doch ihre Musterung könnte nicht unterschiedlicher sein. Während der eine die für seinen Namen verantwortliche Wabenform aufweist, setzt der Feuerfisch auf symmetrische Streifen, die sich bis in seine giftigen Flossenstrahlen fortsetzen.

Ein riesiger Schwarm von gelben Schnappern ist immer ein spektakulärer Anblick. Während meiner Tauchgänge um die Inselgruppe Phi Phi durfte ich einigen von ihnen begegnen und war jedes Mal fasziniert von den synchronen Bewegungen der Tiere, die eine beinahe undurchdringliche Wand zu bilden scheinen.

Blaue Seesterne leben meist in flachem Wasser von unter 20 Metern auf den Korallenriffen, wo sie ihre Nahrung, unter anderem Algen und wirbellose Kleintiere, finden. Erst im Erwachsenenalter erreichen sie ihre satte Färbung, der sie ihren Namen verdanken und die sie so unverwechselbar macht.

Einer der aufregendsten Momente meines Thailandaufenthaltes: die Begegnung mit diesem wundervollen Zebrahai. Zumal ich ihm für dieses Foto so nahe kommen konnte. Die Tiere ruhen tagsüber meist auf dem Grund, wo sie durch ihre Zeichnung besonders gut getarnt sind. Erst in der Dämmerung werden sie aktiv und gehen auf Beutejagd. Dabei suchen sie hauptsächlich nach Weichtieren, kleinen Krebsen und Fischen im Sand und in Bodennähe. Für den Menschen ist der Zebrahai jedoch eher ungefährlich.

Meeresschildkröte

„Die erste Begegnung mit einer Meeresschildkröte hatte ich vor vielen Jahren auf den Seychellen. Ich weiß bis heute, wie verblüfft ich von der Wendigkeit und Eleganz dieses Tieres war. Bis zu diesem Tag kannte ich nur ihre doch eher behäbigen Verwandten an Land."

Vorkommen:
alle tropischen und subtropischen Meere

Ernährung:
Krebse, Schwämme, Quallen, aber auch Seetang und Algen

Fortpflanzung:
Weibchen legen die Eier an ihrem eigenen Geburtsstrand ab. Den Weg dorthin finden sie mithilfe des Erdmagnetfelds.

Gefährdung:
Meeresschildkröten sind durch den Menschen vom Aussterben bedroht. Nicht nur die Jagd auf sie als Fleischdelikatesse hat ihren Bestand radikal dezimiert. Auch Geisternetze und Plastikteile, die sie mit Nahrung verwechseln, sind eine tödliche Gefahr.

INFO | MEERESSCHILDKRÖTE

Die Grüne Meeresschildkröte, auch Suppenschildkröte genannt, ist in allen tropischen und subtropischen Regionen der Welt beheimatet. Sie wird circa 40 bis 50 Jahre alt und kann eine Größe von bis zu 140 cm erreichen. Aufgrund ihres Fleisches wurde sie lange Zeit intensiv gejagt, was die Population an den Rand der Ausrottung brachte. Heute ist die Art international geschützt und ihre Brutgebiete werden überwacht, um sicherzugehen, dass möglichst viele Jungtiere überleben. Dennoch gibt es noch immer unzählige Gefahren, denen die Tiere im Meer ausgesetzt sind. Geisternetze werden regelmäßig zur tödlichen Falle für die Tiere. Einmal im Netz verfangen, kann die Schildkröte nicht mehr zum Atmen an die Oberfläche gelangen und ertrinkt. Auch als ungewollter Beifang verenden jährlich noch immer viel zu viele von ihnen.

Ort:
Pazifischer Ozean
Mexiko
Guadalupe
Cortés-See

Herausforderung:
Verlust der Biodiversität der Meere

Helden:
Pelagic Life
Pelagic Fleet

Aufgabe/Ziel:
Ökotourismus
Schutz der Artenvielfalt
Unterstützung der Wissenschaft

Giganten der Meere

Das Meer weckt in uns seit jeher die unterschiedlichsten Gefühle. Abhängig davon, aus welcher Perspektive wir es betrachten. Beeinflusst werden wir dabei von den Medien, von Geschichten und Erzählungen.

So kann es kommen, dass wir, obwohl wir nicht viel über das Leben im Meer wissen, vorzeitig Urteile fällen über Gut und Böse, niedlich und gefährlich, Menschenfreund und Menschenfeind. Die besten Beispiele geben wohl zwei der bekanntesten Spezies ab, die wir aus Film und Fernsehen kennen: der Delfin und der Hai. Beide sind unverzichtbare Arten im riesigen Gefüge der marinen Lebensräume. Doch die einen lieben wir, die anderen fürchten wir.

Würden die Menschen Haie genauso fürchten, wenn es den berühmten Horrorfilm *Der weiße Hai* von Steven Spielberg niemals gegeben hätte? Oder die Serie mit Flipper, dem Delfin? Man weiß es nicht. Doch es gibt Menschen, die sich dafür einsetzen, dass Bilder wie diese aus unseren Köpfen verschwinden. Durch Aufklärung und durch das Erwecken von Aufmerksamkeit. Dies gilt natürlich nicht nur für die mediengemachten Vorurteile. Aufmerksamkeit sollte überall dort entstehen, wo es darum geht, positive Veränderungen herbeizuführen. Mit Aufklärung fängt alles an.

In Mexiko habe ich eine Organisation gefunden, die sich genau um diese Aspekte kümmert. Sie hat sich dem Schutz der marinen Ökosysteme rund um die Gewässer Mexikos verschrieben und bezieht dabei auch die Fischerei und den Tourismus mit ein. Beides wirkt sich, sofern es nicht nachhaltig betrieben wird, früher oder später negativ auf unsere Meere aus. Deshalb ist einer der wichtigsten Aufgabenbereiche der Organisation Pelagic Life, nachhaltigen Fischkonsum und nachhaltigen Tourismus zu fördern. Pelagic Life selbst arbeitet eng mit der Pelagic Fleet zusammen, die mit ihrer Flotte von Tauchbooten verschiedenste Ausflüge, bis hin zu 14-tägigen Tauchreisen, anbietet. Beide Organisationen fördern sich gegenseitig mit dem Ziel, die marine Artenvielfalt Mexikos zu schützen und zu bewahren. Der Hauptaspekt hierbei liegt auf der Erfahrung, die die Touristen machen sollen: eine einzigartige Erinnerung an die Schönheit des Meeres. Denn so entsteht in den Menschen der Wunsch, das Erlebte schützen zu wollen.

Alles läuft schief

Auch ich begleite das Team der Pelagic Fleet rund um ihren Besitzer und CEO Jorge Cervera Hauser auf zwei der Tauchreisen. Gemeinsam mit Martin Hippius, der für die Filmaufnahmen zuständig ist. Doch die Anreise gestaltet sich mehr als nur schwierig.

Wenn man ohne Tauchgepäck auf eine Tauchexpedition fahren muss, weil die Koffer nicht rechtzeitig ankommen, muss man mit folgenschweren Problemen rechnen … Mit nur der Hälfte meiner Ausrüstung werde ich in den entscheidenden Momenten improvisieren müssen – was mir überhaupt nicht gefällt. Zumal besonders unter Wasser eine schnelle Reaktion und ein einwandfreies Equipment absolut notwendig sind, um das perfekte Foto zu schießen. Aber ich kann an meiner Situation nichts ändern.

Info | Geografie

Niederkalifornien ist eine lang gestreckte, zu Mexiko gehörige Halbinsel, die vom Festland durch den Golf von Kalifornien getrennt ist. In Europa glaubte man bis ins 18. Jahrhundert, Niederkalifornien sei eine Insel und eine Art Garten Eden. Tatsächlich wird sich die Halbinsel in etwa 25 Millionen Jahren komplett vom Festland gelöst haben.

Und tatsächlich: Trotz der zwei Tage, die wir bis zum Ablegen unseres Schiffes noch Zeit haben, schafft es mein Tauchgepäck nicht nach Mexiko. Stattdessen erfahre ich am Tag unseres Reisebeginns, dass die Koffer nun fälschlicherweise wieder auf dem Rückweg nach Deutschland sind. Eine weitere schlechte Nachricht erwartet uns später am Hafen, als wir das Boot besteigen wollen. Die ursprüngliche Route nach Socorro, einer Vulkaninsel im östlichen Pazifik, die für ihre Haie, Rochen und andere große Meerestiere berühmt ist, kann aufgrund eines Hurrikans nicht angefahren werden. Wir müssen uns wohl oder übel mit einer Ersatztour begnügen. Wie viel Glück wir bei dieser Alternativreise haben werden, ist mir zu diesem Zeitpunkt natürlich noch nicht klar. Wüsste ich es, ich würde nicht wütend und enttäuscht die Kaimauer entlang stapfen und mich über mein Pech zu Tode ärgern.

Eine folgenschwere Entscheidung

Die Alternativroute führt uns von Cabo San Lucas aus in den Golf von Kalifornien. Die Hoffnung ist, hier etwas ruhigere See zum Tauchen zu finden. Innerlich verabschiede ich mich bereits von den Haien und Mantas, die ich vorhatte zu fotografieren – und warte, während sich das Festland hinter uns langsam entfernt. Lange Zeit passiert nicht viel. Außer ein paar springenden Teufelsrochen und Delfinen sehen wir nichts in der blaugrünen Weite des mittlerweile ziemlich aufgewühlten Meeres – so viel zum Thema ruhigere See … Die Ausläufer des Hurrikans sind auch hier noch zu spüren. Allen an Bord ist die bedrückte Stimmung anzumerken. Aber das Wetter ist eben einer dieser unberechenbaren Faktoren, die sich nicht beeinflussen lassen. Und so bleibt uns nichts anderes übrig, als weiter abzuwarten.

Erst als wir über Funk von einem mit Jorge befreundeten Cessna-Piloten erfahren, dass sich ganz in der Nähe unseres Schiffes eigenartige Bewegungen im Meer abzeichnen, kommt wieder Leben in unsere kleine Gruppe. Die Aussicht auf den ersten Tauchgang bringt die Begeisterung schlagartig zurück. Doch zuvor müssen wir noch eine wichtige Entscheidung treffen. Die Crew bietet uns zwei Möglichkeiten an, die uns offenstehen. Auf der einen Seite ein Tauchgang mit Bullenhaien, die in der Nähe leben, was definitiv die Garantie auf ein paar aufregende Momente bietet. Auf der anderen Seite eine Fahrt ins Ungewisse, in die Richtung, die uns der Pilot durchgegeben hat. Ohne zu wissen, was uns dort erwartet, ist meine Entscheidung schnell getroffen. Natürlich wähle ich das Risiko, denn selbst wenn wir nichts entdecken, habe ich ja sowieso nicht meine komplette Ausrüstung dabei …

„Und vielleicht", überlege ich, „hat das Schicksal nach so viel Pech in den letzten Tagen ja auch ein Einsehen mit mir und es wartet da draußen etwas ganz Großes auf mich." Gemeinsam mit einigen wenigen anderen Gästen steige ich in das kleine Schnellboot, in dem gerade einmal für sechs Personen Platz ist. Jorge ist mit dabei, das heißt einiges. Vielleicht gibt es ja heute noch eine Überraschung, wer weiß?

Eine Stunde später erreichen wir die mittels der GPS-Koordinaten übertragene Stelle im offenen Meer. Nichts. Die Minuten vergehen und meine Hoffnung schwindet, als plötzlich ein Ausruf alle im Boot erstarren lässt: „Wale!" Und dann sehen wir sie. Schwarz heben sich die gekrümmten, langen Rückenflossen gegen das helle Grau des Himmels ab und ich kann meinen Augen kaum trauen. Eine ganze Herde wilder Orcas kommt direkt auf uns zu. Schwertwale!

Die auch als Teufelsrochen bezeichneten Mobulas sind bekannt für ihre riesigen Schwärme und die typischen bis zu zwei Meter hohen Luftsprünge. Warum die Tiere aus dem Wasser springen, ist noch nicht eindeutig geklärt. Manche Wissenschaftler vermuten ein spezielles Jagdverhalten dahinter, andere lediglich Spaß. Eine weitere Theorie besagt, dass es sich dabei um den Versuch handelt, Parasiten loszuwerden. Eines aber ist klar: Dieses Schauspiel ist faszinierend und amüsant zugleich.

Jetzt schnell ab ins Wasser. Angst hat niemand hier an Bord, dafür sind wir alle viel zu aufgeregt. In den Augen meiner Mittaucher sehe ich nur pure Begeisterung blitzen sowie eine kindliche Vorfreude, die sich auch in mir breitmacht. In Windeseile hole ich meine Kamera hervor und gemeinsam springen wir in das dunkle, aufgewühlte Wasser der Cortés-See.

Eine einzigartige Begegnung

Es dauert eine Weile, bis sich meine Augen an die neue Umgebung gewöhnt haben, doch allein schon durch ihre Größe sind die Tiere vom ersten Moment an gut zu erkennen. Und zu hören. Mit atemberaubender Kraft durchpflügen die bis zu neun Meter langen Wale das unruhige Wasser. Das Adrenalin in meinem Körper unterdrückt den Gedanken, dass die Tiere zu den größten Fleischfressern unseres Planeten zählen. Mindestens acht Orcas schwimmen um uns herum. Doch sie ziehen nicht einfach nur an uns vorbei. Einige von ihnen scheinen besonderes Interesse an einem Stachelrochen zu haben, der nahe der Wasseroberfläche schwimmt. Als einer der Orcas auf den Rochen zusteuert und sich im letzten Augenblick auf den Rücken dreht, um ihn mit der Schwanzflosse in die Luft zu katapultieren, schrecken wir alle zusammen. Was für ein Schauspiel! Bereits völlig benommen hat der Rochen den nun folgenden Attacken nicht viel entgegenzusetzen.

Ein ums andere Mal schlagen die Wale mit ihren Fluken auf den wehrlos im Wasser treibenden Rochen ein, ohne ihn jedoch zu fressen. Später erfahren wir, dass der Grund für dieses Verhalten auch Wissenschaftlern nicht ganz klar ist und eine solche Szene noch nie zuvor gefilmt wurde. Womöglich sind wir in eine Art Lehrstunde für Jungtiere geraten. Denn im Gegensatz zu den harmlosen Teufelsrochen, die von Orcas meist im Ganzen gefressen werden, verspeisen die Wale von den Stachelrochen ausschließlich die Leber. Zudem sind Stachelrochen äußerst wehrhaft, wenn sie die Möglichkeit bekommen, ihren Stachel einzusetzen. Vielleicht wollen die älteren den Jungen zeigen, dass Stachelrochen nicht komplett gefressen werden dürfen? Bis heute konnte uns niemand eine abschließende Antwort auf diese Fragen geben, doch der Eindruck, den die Wale bei uns Tauchern gemacht haben, ist definitiv einer, den man niemals wieder vergisst.

Info | Biologie

Bis heute werden Orcas auch in Gefangenschaft gehalten. Die Tiere treten (ähnliche wie Delfine) vor Publikum in Shows auf, eine artgerechte Haltung durch den Menschen ist aber unmöglich. Das zeigt sich im Verhalten gefangener Tiere: Sie werden vermehrt gewalttätig oder zeigen stereotypes Verhalten, weswegen einige Zoos und Delfinarien ihnen Beruhigungsmittel verabreichen. Auch die Lebenserwartung der Tiere ist in Gefangenschaft geringer.

Orcas unter Wasser zu fotografieren ist wohl für jeden Taucher ein wahr gewordener Traum. Einem der größten und intelligentesten Räuber der Meere hautnah zu begegnen: ein unvergessliches Erlebnis. Diese Szenen zeigen, wie überlegt und gezielt die Tiere ihre Jagd auf den Stachelrochen angehen.

INFO | BIOLOGIE

Guadalupe ist eine Insel im Pazifik, die für ihre Weißer-Hai-Population bekannt ist. Als Robbenschutzgebiet ausgewiesen, leben hier auch große Kolonien von Seebären und Seeelefanten, die zur Leibspeise der hier lebenden Weißen Haie gehören.

Eines noch ist sehr auffällig: Die Schwertwale wechseln eindeutig ihr Verhalten, sobald sie uns nahe kommen. Die Neugier, mit der sie uns begegnen, steht in einem extremen Gegensatz zu ihrem Jagdverhalten dem Rochen gegenüber. Das langsame Annähern an uns Menschen, das Beobachten. Man fragt sich unwillkürlich, wer hier für wen das Erlebnis ist. Meine Kamera jedenfalls klickt unaufhörlich und ich bin wie berauscht von der Anmut dieser Tiere. Schwarz-weiße, glänzende Körper, die dynamisch und gleichzeitig elegant durch das Wasser gleiten. Und doch geht auch der schönste Moment einmal vorbei. Die Walfamilie zieht langsam weiter und lässt uns überglücklich zurück.

Bedrohte Giganten

Das breite Grinsen steht uns allen ins Gesicht geschrieben, als wir zurück aufs Expeditionsschiff, die Solmar V, gelangen, wo die andere Gruppe bereits auf uns wartet. Immer noch voller Adrenalin und um die beeindruckendste Erfahrung meines bisherigen Taucherlebens reicher, sprudelt das Erlebte nur so aus mir heraus. Die Geschichte klingt unglaublich, doch unsere Bilder sprechen Bände. Am Ende danke ich dem Hurrikan für diese glückliche Wendung und sicher tun es auch die anderen, die diese Erfahrung mit mir machen durften. Genau solche Momente sind es, die uns wieder zeigen, wie wertvoll und schützenswert unsere Natur ist, damit auch die Menschen nach uns diese Wunder erleben können.

Doch leider sind auch Orcas, die zur Familie der Delfine gehören, an vielen Orten bereits stark gefährdet. Ihre Nahrungsgrundlage, vor allem Fische, aber auch Robben und andere Meeressäugetiere, verschwindet allmählich, und der Mensch ist der Einzige, der daran etwas ändern kann. Dafür setzt sich die Organisation Pelagic Life ein. Für nachhaltigen Umgang mit den Ressourcen, um die Vielfalt des Lebens in den mexikanischen Gewässern zu erhalten. Dazu gehören auch die großen Räuber. Denn ihre Bedeutung für die Nahrungskette ist gewaltig. Sie regulieren als Gesundheitspolizei die Bestände unzähliger anderer Arten und sorgen so für das nötige Gleichgewicht innerhalb des Ökosystems.

Majestätische Jäger

Doch Orcas sind nicht die einzigen großen Jäger, die es zu schützen gilt. Es gibt wohl kaum ein Tier auf diesem Planeten, das seinem Ruf so wenig gerecht wird wie der Hai. Im Besonderen natürlich einer der größten Vertreter dieser Spezies, der Weiße Hai. Seit Jahrzehnten gefürchtet und verfolgt, gibt es nur wenige, die sich für ihn einsetzen. Obwohl er es wirklich nötig hat.

INFO | BIOLOGIE

Die zahnbewehrten Kiefer des Weißen Hais sind eine Meisterleistung der Natur. Fällt ein Zahn aus, so wird er sofort von einem dahinterliegenden, neuen ersetzt. Mit diesem sogenannten Revolvergebiss kommen einige Haiarten auf bis 30.000 Zähne in ihrem Leben.

Seit Jahrzehnten gefürchtet und verfolgt, gibt es nur wenige, die sich für ihn einsetzen.

Dieses Bild verdeutlicht eindrucksvoll, wie klein wir Menschen im Vergleich zum unendlichen Blau der Ozeane sind. Das Gefühl, umgeben zu sein von nichts als Wasser, nicht zu wissen, was den Taucher erwartet, ist aufregend und faszinierend zugleich.

Viele Haiarten stehen mittlerweile sogar am Rand der Ausrottung. Tausende von ihnen sterben täglich unschuldig als Beifang in Fischernetzen. Oder sie werden gezielt gejagt, um am Ende, ihrer Flossen beraubt, tödlich verwundet zurück ins Meer geworfen zu werden – wo sie qualvoll sterben. Die Nachfrage nach Haifischflossen ist so hoch, dass es einen riesigen Schwarzmarkt gibt, in einigen Ländern ist der Export sogar noch immer legal. Und alles nur für eine Suppe als Statussymbol … Dabei gehören Haie zu den wichtigsten Gliedern der Nahrungskette. Wer sie einmal hautnah erlebt hat, der weiß um ihre Schönheit, um ihre Eleganz und Anmut. Auch ich möchte diese Erfahrung machen und reise einige Monate später erneut nach Mexiko, um mit der Pelagic Fleet nach Guadalupe aufzubrechen.

Aufklärung selbst erleben, so funktioniert das Prinzip. Und es ist äußerst erfolgreich. Die Organisation Pelagic Fleet macht die Tiere auf diese Weise lebendig wertvoller als tot. Ökotourismus boomt, und so unterstützt man hier auch gern die heimischen Fischer beim Umstieg auf das neue, lohnende Geschäft. Zugunsten der Natur. Wir fahren wieder mit der Solmar V von der mexikanischen Küste aus auf den offenen Pazifik. Mit dabei für die Videoaufnahmen sind dieses Mal wieder Sabine Streich und Katrin Eigendorf. Bis wir unser Ziel erreichen, werden noch gut zwei Tage vergehen und wir nutzen die Zeit, um von den Experten an Bord mehr über die Meerestiere der Umgebung zu erfahren. Die Crew teilt ihr umfangreiches Wissen über die Weißen Haie gern mit uns und wir hören gespannt zu. Viele Wissenschaftler und Kamerateams waren schon hier an Bord und profitierten von der professionellen und modernen Ausrüstung des Schiffes.

An Bord gibt es drei Haikäfige, von denen beim Einsatz zwei unmittelbar unter der Wasseroberfläche verbleiben. Der dritte wird mittels eines Krans seitlich vom Schiff auf circa 15 Meter Tiefe abgelassen, um die Tiere aus einer anderen Perspektive beobachten zu können. Sabine und Katrin werden gemeinsam mit mir in den Käfigen sein, um parallel zu filmen und zu fotografieren. Ich selbst habe kleinere Haie bereits in Freiheit erlebt, doch einen solchen Riesen mit eigenen Augen zu sehen ist noch einmal etwas anderes. Frei tauchen dürfen wir nicht, das ist nur speziell ausgebildeten Meeresbiologen vorbehalten. Aber zu viel Risiko muss auch nicht sein.

Malerische Buchten und die Farben des glitzernden Wassers in der Abendsonne ergeben immer wieder die fantastischsten Fotomotive. Rund um den Golf von Kalifornien ist es mir immer wieder schwergefallen, mich von diesen Anblicken zu lösen.

Der Weiße Hai ist wohl die gefürchtetste Kreatur in unseren Weltmeeren. Doch wer ihn einmal mit eigenen Augen gesehen hat, der weiß, wie falsch dieses Bild in unseren Köpfen ist. Für die Spezies Hai muss noch sehr viel Aufklärungsarbeit geleistet werden, bis wirklich alle Menschen erkennen, wie wunderschön diese Tiere sind. Und vor allem: wie essenziell ihre Bedeutung für das Ökosystem ist.

Info | Evolution

Die ersten Urhaie lebten in unseren Weltmeeren bereits vor etwa 400 Millionen Jahren. Ihr größter Vertreter war der ausgestorbene Riesenhai Megalodon mit einer Länge von bis zu 20 Metern. Manche seiner Zähne waren so lang wie ein menschlicher Unterarm.

Doch noch gibt es sie. Diese majestätischen Jäger, die manchmal sogar zu lächeln scheinen.

Wir ankern vor der kleinen Insel Guadalupe, einem nur dünn besiedelten Eiland mitten im Pazifischen Ozean. Endlich rückt der Moment näher. Nach einer ausführlichen Einweisung in die Sicherheitsregeln werden die Käfige ins Wasser gelassen. Ich befinde mich im Tauchkäfig, der sich langsam immer tiefer absenkt. Es dauert nicht lange, bis die ersten Haie auftauchen und ihre Runden um uns ziehen. Einige der hier lebenden Exemplare tragen temporäre Sender an den Rückenflossen. Die Daten, die so gewonnen werden, sollen helfen, die Wanderungen und das Verhalten der Räuber besser kennenzulernen. Bis heute weiß man noch recht wenig über diese Tiere, die laut einigen Wissenschaftlern an manchen Orten der Welt „biologisch" bereits als ausgestorben gelten. Biologisch bedeutet, dass zwar noch Tiere vorhanden sind, allerdings zu wenige, um die Art für die Zukunft zu erhalten. Selbst diesem sogenannten Top-Prädatoren an der obersten Spitze der Nahrungskette geht langsam die Luft aus, oder besser: die Zeit. Denn neben der bewussten Jagd auf diese Tiere, dem Tod als Beifang und dem Rückgang ihrer Nahrungsquellen ist auch seine langsame Fortpflanzung ein Risiko. Die natürliche Vermehrung kann die Verluste nicht ausgleichen. Es ist traurig zu sehen, wie der Mensch ein seit Jahrmillionen perfektioniertes Zusammenspiel der Arten in nur wenigen Jahrzehnten an den Rand der Zerstörung getrieben hat. Doch noch gibt es sie. Diese majestätischen Jäger, die manchmal sogar zu lächeln scheinen. Gemächlich ziehen sie ihre Runden um die Käfige und wir können nichts anderes tun, als sie zu bestaunen. Ihre Kraft und Größe sind unvorstellbar für jeden, der sie nicht live erlebt hat. Einfach unvergesslich.

Die perfekte Kombination

Zurück an Bord gibt es wieder eine Lehrstunde über das Verhalten der Haie. Wie wir sie auseinanderhalten können und woran der Unterschied zwischen den Geschlechtern zu erkennen ist. Je mehr Infos wir erhalten, umso mehr fühlen wir uns den Tieren verbunden, und vielleicht ist das auch der Grund, warum das Prinzip von Pelagic Fleet und Pelagic Life so gut funktioniert. Die Unterstützung wissenschaftlicher Projekte gepaart mit Aufklärungsarbeit und Ökotourismus scheint die perfekte Kombination zu sein. Hier findet sich der moderne Artenschutz wieder, der darauf baut, das Bewusstsein der Menschen für unsere Ozeane zu wecken. Und genau darauf kommt es an!

INFO | EVOLUTION

Auch beim Alter stellen Haie Rekorde auf. Der Grönlandhai kann älter werden als jedes andere bekannte Wirbeltier. Bei einem 2010 gefangenen Exemplar wurde ein Alter von circa 400 Jahren festgestellt.

Unser letzter Tauchgang in den Kelpwäldern vor San Diegos Küste. Starke Strömungen können diese faszinierende Unterwasserwelt zu einem gefährlichen Ort für Taucher werden lassen. Doch wir wollten es uns nicht nehmen lassen, die riesigen Tangwälder einmal live gesehen zu haben.

Qualle und Sabelle: Faszinierende Tierarten gibt es überall in unseren Weltmeeren. Von groß über klein, in allen Formen und Farben. Selbst in eher unbeliebten Arten wie Quallen ist eine unglaubliche Schönheit zu finden. Manchmal muss man sich einfach die Zeit nehmen und genauer hinschauen.

Weißer Hai

„Die Anmut dieses perfekten Jägers begeisterte mich von der ersten Sekunde an. Die kraftvollen Bewegungen, das neugierige Annähern und die Intelligenz in diesen dunklen Augen. Ich wünschte, mehr Menschen könnten so etwas selbst erleben."

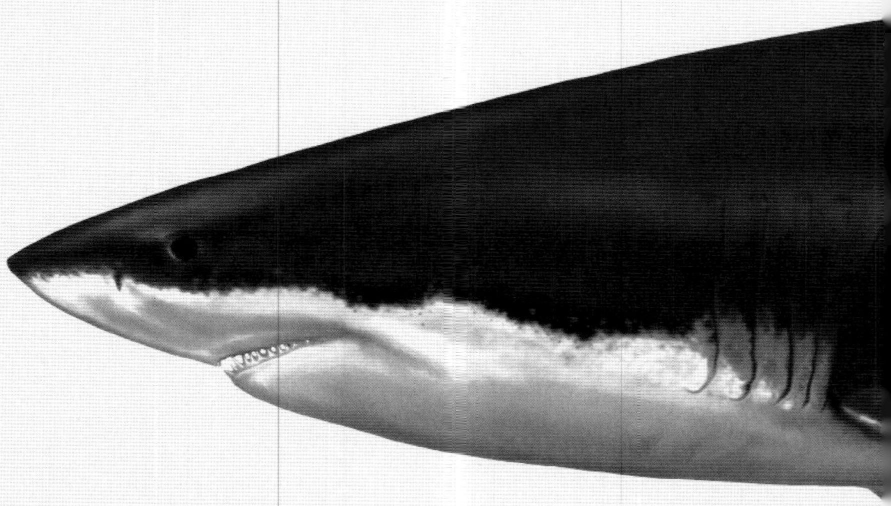

Name:
Der Weiße Hai wird auch Menschenhai genannt.

Größe:
bis zu 7 m (größter Raubfisch der Gegenwart)

Fressfeinde:
Einziger bekannter Jäger des Weißen Hais ist der Schwertwal (Orca)

Weißer Hai und Mensch:
Der Mensch steht nicht auf dem Speiseplan des Weißen Hais. Jedoch kommt es gelegentlich zu Verwechslungen mit Robben, wobei der Hai jedoch sehr schnell den Unterschied merkt. Hierzu „testet" er die vermeintliche Beute mit dem sogenannten Gaumenbiss, mit dem er feststellt, ob es sich um potenzielle Nahrung handelt.

INFO | WEISSER HAI

Der Weiße Hai trägt seinen Namen aufgrund der hellen Bauchfärbung. Von unten betrachtet verschwimmt er auf diese Weise mit der hellen Wasseroberfläche. Von oben betrachtet ist er durch die dunkle Rückenfärbung ebenfalls perfekt getarnt. Als eine der größten Haiarten erreichen Weiße Haie Gesamtlängen von bis zu sieben Metern. Wobei die Weibchen um einiges größer sind als die Männchen.

Ihr Verbreitungsgebiet erstreckt sich über nahezu alle Ozeane bis auf einige Ausnahmen wie die Ostsee und arktische Gewässer. Allerdings stehen auch die Weißen Haie mittlerweile auf der Liste der bedrohten Tierarten. An einigen Orten gilt die Art sogar bereits als biologisch ausgestorben.

Die Schönheit liegt manchmal im Verborgenen. Nur mit Vorsicht kann man sich den wunderschönen Schraubensabellen nähern, wenn man nicht will, dass sie sich blitzschnell in ihre Röhren zurückziehen. Wartet man geduldig, so wird man mit einem solchen Anblick belohnt.

<u>Ort:</u>
Atlantischer Ozean
Westafrika
Gabun
Port Gentil

<u>Herausforderung:</u>
Überfischung der Meere
Bedrohung der Artenvielfalt

<u>Helden:</u>
Sea Shepherd
Aktivisten

<u>Aufgabe/Ziel:</u>
Gabun: Überwachung und Kontrolle der illegalen, unkontrollierten und dokumentierten Hochseefischerei

Allgemein: Schutz und Erhalt der marinen Lebensräume

Piraten zum Schutz unserer Ozeane

Die sengende Hitze Afrikas schlägt mir entgegen, als ich aus der kleinen Propellermaschine unmittelbar am Äquator in Port Gentil steige. 22 anstrengende Flugstunden mit Zwischenstopps in Paris, Addis Abeba und Libreville liegen hinter uns.

Dazu die nervenraubenden Diskussionen mit den Sicherheitsbeamten an den Flughäfen, die wegen der Vielzahl meiner Kameras und vor allem der Drohnen im Gepäck viele Fragen stellen. Aber nun haben wir es endlich geschafft.

Hier in Gabun, an der Westküste Afrikas, werden wir die Aktivisten der Meeresschutzorganisation Sea Shepherd treffen, um sie bei einer ihrer Operationen vier Wochen lang zu begleiten. Mein Kameramann und guter Freund Michael ist mit dabei, um zu filmen, was wir erleben werden: vier Wochen lang auf Schritt und Tritt mit der Crew des legendären umgebauten Walfangschiffes namens Bob Barker, eines der Flaggschiffe von Sea Shepherd, das hier in Port Gentil vor Anker liegt und auf seinen Einsatz wartet. 1950 gebaut, wurde es jahrelang unter norwegischer Flagge zur Jagd auf die großen Meeressäuger eingesetzt. Was für ein Glück, dass ihm heute eine ganz andere Aufgabe zukommt und die todbringende Kanone vom Deck des Schiffs bereits vor langer Zeit entfernt wurde.

Es ist schon ein beeindruckendes Erlebnis, direkt vor diesem Stahlriesen zu stehen, den man sonst nur aus den Medien kennt. Das riesige am Bug aufgemalte Haifischmaul, eines der Erkennungsmerkmale der Sea-Shepherd-Flotte, lässt die Bob Barker bedrohlich wirken und man kommt nicht umhin, ein gewisses Piratenfeeling in sich aufkommen zu lassen. Die tropisch heiße Luft und die quirlige kleine Stadt auf einer weit in den Atlantik hinausragenden Halbinsel tun ihr Übriges. Trinkt aus, Piraten, yo ho!

Das legendäre Schiff mit scharfen Zähnen

Unsere Kabine ist klein, aber gemütlich. Das Schiff selbst ist komplett ausgerüstet mit allem, was man zum Leben braucht, von der sympathischen Köchin, die uns jeden Tag mit leckeren veganen Mahlzeiten versorgt, bis zum Waschmittel, das rückstandslos im Meerwasser abgebaut werden kann. Es wurde hier an alles gedacht. Die Crew lebt für ihren Job, denn es ist ihre Passion. Die Menschen hier lieben, was sie tun, und die Professionalität, mit der die Organisation Sea Shepherd ihre Missionen plant, straft das anfängliche Gefühl vom Piratenleben Lügen. Sicherheit geht vor an Deck, und so finden hier täglich Trainingseinheiten statt, die den Ernstfall simulieren sollen. Immer mit dabei: Soldaten des gabunischen Militärs sowie Abgesandte der hiesigen Fischereibehörde. Sie gewährleisten den Schutz der Aktivisten während ihrer Einsätze. Denn es kommt nicht selten auch zu gewalttätigen Übergriffen, wenn sich illegale Fischer gegen Kontrollen wehren. Es gilt nicht nur die Fangmengen zu überprüfen, auch die Größe der Maschen in den Fischernetzen spielt eine Rolle. Denn von ihr hängt das Überleben der Jungtiere ab, die durch das Netz entkommen können. Ein weiteres Kriterium sind die Naturreservate, die hier vor der Küste die Erholung der Bestände sichern sollen. Internationale Seegrenzen werden oft missachtet, um sich einen besseren Fanggrund zu sichern. Die gabunische Regierung geht seit einigen Jahren gemeinsam mit Sea Shepherd gegen diese Machenschaften aktiv vor, und so sind mittlerweile große Erfolge zu verzeichnen. Die Überreste der

INFO | GEOGRAFIE

Gabun ist eine ehemalige französische Kolonie in Zentralafrika, direkt am Atlantik gelegen. Dank seiner Erdölvorkommen zählt es zu den wohlhabendsten Ländern des Kontinents. Armut und Korruption sind trotzdem auch hier weitverbreitet.

Sobald sich Delfine um den Bug der Bob Barker versammeln, steht die gesamte Crew begeistert an der Reling.

festgesetzten illegalen Schiffe liegen zur demonstrativen Abschreckung im Hafen von Port Gentil, ein vor sich hin rostender Friedhof im Wasser. Einige der verantwortlichen Kapitäne sitzen noch immer hinter Gittern. Die Zusammenarbeit zwischen den Aktivisten und der Regierung hier ist ein positives Beispiel, wie man dem Problem der illegalen Fischerei und somit auch der Überfischung entgegentreten kann.

Ein erster Einsatz

Die ersten Tage verbringen wir mit dem Einleben und Kennenlernen der Crew, die aus allen Ecken der Welt zusammengekommen ist. Vom Mechaniker über den Feuerwehrmann bis hin zum Handwerker bringt jeder seine Fertigkeiten ein und stellt ein Puzzlestück im großen Bild der Meeresschutzorganisation Sea Shepherd dar. Teilweise sind die Crewmitglieder hier Vollzeit beschäftigt, leben quasi an Bord. Andere verbringen ihren gesamten Urlaub auf der Bob Barker oder arbeiten je sechs Monate daheim in ihrem Job und die andere Jahreshälfte für Sea Shepherd. Sie alle kämpfen für das Leben im Meer, und das an vorderster Front, mit allem, was geht. Die Liebe zur Natur und zu den Tieren ist spürbar an Deck. Sobald sich Delfine um den Bug der Bob Barker versammeln, steht die gesamte Crew begeistert an der Reling. Diese Emotionen sind es, die Sea Shepherd so erfolgreich machen. Denn die Aktivisten setzen sich bedingungslos für das Leben im Meer ein und sind überaus erfolgreich in dem, was sie tun. Aber auch professionell. Das bekomme ich jeden Tag aufs Neue zu spüren. Als Mitglieder der Crew sind Michael und ich natürlich mit eingeplant und werden Teil des Notfalltrainings. Eines wird schnell klar: Die Mannschaft ist topfit.

Und als dann ein riesiger Purse Seiner, ein spezielles Schiff der Fischereiindustrie, am Horizont auftaucht, sind alle sofort in Alarmbereitschaft. In Windeseile werden Rettungswesten und Uniformen angelegt, die Waffen vorbereitet, die schnellen Schlauchboote zu Wasser gelassen, und schon geht es mit Höchstgeschwindigkeit auf direktem Kurs in Richtung des viel größeren Fangschiffes.

Und diese Eile ist begründet! Denn sobald ein großer Fischtrawler mitbekommt, dass eine Kontrolle naht, werden alle Beweise für eventuell illegales Verhalten versteckt oder vernichtet. Damit dies nicht geschehen kann, ist es für die Aktivisten ungemein wichtig, schnell einsatzbereit vor Ort zu sein. Manchmal entscheiden Minuten über Erfolg oder Misserfolg einer Aktion.

In unserem Fall handelt es sich um einen legalen Purse Seiner. An Deck des Schiffes werde ich mir zum ersten Mal der Dimensionen bewusst, mit denen hier gefischt wird. Es sind Hunderte Tonnen, die in den Tanks unter Deck gelagert werden. In diesem Fall Thunfische. Sie werden mit sogenannten FADs (Fish Aggregating Devices) über Wochen hinweg angelockt. Man macht sich dabei ein einfaches Prinzip zunutze: Fische werden im offenen Meer von schwimmenden Objekten angezogen, da diese ihnen – unter anderem – Schutz vor Raubtieren bieten. Die Meeresbewohner sammeln sich in beträchtlicher Zahl um Gegenstände wie Treibgut, Flöße, Quallen und schwimmende Algen. Aber auch um künstliche Objekte wie die FADs, die zum Beispiel aus Bambus und Netzmaterial bestehen können. Einmal ins Meer gelassen, können die Tiere dank modernster Technik via GPS von der Brücke aus verfolgt und überwacht werden.

Sobald sich eine ausreichend große Menge Fisch um den Treibkörper angesammelt hat, werden riesige Netze um sie gezogen. Das Dramatische dabei: FADs sind so konzipiert, dass sie zunächst kleineren Fischen optimalen Schutz im offenen Meer bieten. Zu den kleineren gesellen sich schnell größere Fische, die wiederum die ersten Jäger anlocken, bis irgendwann eine komplette Nahrungskette um das FAD entstanden ist. Dazu gehören Schildkröten, Rochen, Haie, Delfine und leider allzu oft auch Wale. Diese gelangen mit in das Netz, in dem sich am Ende mehrere Hundert Tonnen Fisch befinden können. Der sogenannte „Beifang“ ist zwar nicht gewollt, kann aber auch nicht vermieden werden, was dazu führt, dass täglich weltweit Tausende dieser Tiere in den riesigen Netzen der Industriefischer verenden.

Das berühmte Schiff Bob Barker war für die Operation Albacore 2 in Gabun stationiert. Von hier aus brach der ehemalige Walfänger mit dem aufgemalten Haifischmaul regelmäßig zu seinen Patrouillen auf, um illegale Fischerei zu bekämpfen.

SEA SHEPHERD

SEA SHEPHERD

Eine große Stahlkelle befördert die in den Netzen zusammengepferchten panischen Fische an Bord, wo sie sofort im Inneren des Schiffes verschwinden. Dort werden die noch lebenden Tiere in riesige Tanks gefüllt, wo sie qualvoll sterben. Haie und anderer Beifang werden noch an Deck aussortiert und leblos zurück ins Meer geworfen.

Die Einsätze mit den Soldaten des gabunischen Militärs sind präzise geplant, und sobald ein großes Fangschiff am Horizont auftaucht, muss alles ganz schnell gehen. Jeder Handgriff muss sitzen, damit nichts dem Zufall überlassen wird. Doch trotz ihres Einsatzes können die Aktivisten nicht verhindern, dass weiterhin zahllose Haie, Delfine, Rochen und Schildkröten als Beifang in den riesigen Netzen verenden.

Später erfahre ich vom Captain der Bob Barker, dass weltweit weit über 100.0000 dieser elektronischen Apparate im Einsatz sind, die den kommerziellen Fischfang so lukrativ machen. Auch auf dem Trawler, der es vor allem auf Thunfisch abgesehen hat, entdecke ich unzählige FADs. Die Aktivisten können dagegen nicht viel ausrichten, solange Genehmigungen vorliegen.

Doch was sie zumindest tun können, ist, die Kontrollen so genau wie nur möglich durchzuführen: Zuerst werden die Papiere auf ihre Richtigkeit überprüft, danach geht es unter Deck in die Kühlräume. Versteckmöglichkeiten für illegal gefangene Tiere oder Teile von ihnen, wie zum Beispiel Haifischflossen, gibt es hier genug. Auf unserem ersten Einsatz werden wir jedoch nicht fündig. Die Vergangenheit aber hat die Aktivisten gelehrt, dass die Verlockung auf mehr Geld durch den Handel mit verbotener Ware oft einfach zu groß ist. Deshalb durchsuchen sie auch einen legalen Purse Seiner mit derselben Akribie wie einen illegalen. Sicher ist sicher.

Am Abend sitze ich im Gemeinschaftsraum der Bob Barker und denke über das Erlebte nach. Der Einsatz, den wir heute miterleben durften, hat uns eines gezeigt: Die Fischer haben Respekt. Die Zusammenarbeit mit der Regierung gibt der Meeresschutzorganisation die Möglichkeit, noch mehr Druck auszuüben und wesentlich effektiver gegen illegale Machenschaften vorzugehen. Doch auch anderswo sind die Aktivisten zugegen, um das Überleben unzähliger Arten zu sichern. Von diversen Haiarten, die aufgrund des Handels mit ihren Flossen bereits kurz vor der Ausrottung stehen, bis hin zum Kampf gegen Walfänger. Vom Schutz der Schweinswale in der Ostsee bis hin zum niedlichen Vaquita, von dem es im Golf von Kalifornien nur noch etwa ein Dutzend Exemplare gibt. Sie sind überall im Einsatz, wo der Ozean sie braucht. Bedingungslos.

Augen, die keinen Ausweg sehen

Wieder vergehen Tage, in denen wir Ausschau halten nach weiteren Fangschiffen. Dank des ersten, erfolgreichen Einsatzes der Aktivisten hier vor der Küste Gabuns im Jahr 2016 ist die illegale, unregulierte und undokumentierte Fischerei (IUU) bereits stark zurückgegangen. Dennoch muss mit der weiteren Präsenz der Bob Barker ein Zeichen gesetzt werden. Für die Zukunft ist es notwendig, dass sich lang anhaltend etwas ändert, und so kreuzen wir demonstrativ

in den Gewässern Gabuns. Vorbei an unzähligen Bohrtürmen, wo Erdöl in großen Mengen gefördert wird. Bedrohlich leuchten nachts die Gasfackeln am Horizont, mit denen überschüssige Abgase auf jedem der rostigen Stahlgerüste verbrannt werden. Ein weiterer Schatz, der hier dem Meer entnommen wird. Ein weiteres Risiko für die Umwelt.

Wir vertreiben uns die Zeit mit viel Sport und diversen Trainingseinheiten. Vom sogenannten Krähennest aus, dem obersten Ausguck der Bob Barker, beobachten wir die Weite des Horizontes. Ab und zu kreuzt ein riesiger Mantarochen unseren Weg. Auch Wale entdecken wir regelmäßig in der Nähe des Schiffes. Doch erst, als wir Bescheid bekommen, dass ein weiterer Purse Seiner aufgetaucht ist, kommt wieder diese Hektik auf, in der sich jeder nur noch auf seine Aufgabe konzentriert, um die trainierten Abläufe perfekt einzuhalten.

Das Fangschiff ist gerade dabei, eines seiner riesigen Ringwadennetze einzuholen. Die Gelegenheit möchte ich mir nicht entgehen lassen und bereite mich für meinen ersten Einsatz im Wasser vor. Ich will das Netz unter der Oberfläche fotografieren und lasse mich von einem der Schlauchboote in Richtung der gelb leuchtenden Schwimmkörper bringen, unter denen die Maschen hängen. Das Wasser ist unruhig und schon beim Eintauchen spüre ich die Bewegung hinter dem riesigen Netz. Ein kalter Schauer läuft mir über den Rücken. Was wird mich dort unten erwarten? Ein letztes, langes Einatmen, dann geht es hinab.

Doch was ich dort unten zu Gesicht bekomme, erschüttert mich innerhalb weniger Augenblicke so sehr wie selten ein Anblick zuvor in meinem Leben. Tausende Thunfische rasen in ihrem verzweifelten Versuch zu entkommen im Netz umher. Riesige glasige Augen, die trotzdem keinen Ausweg sehen. Viele Fische stecken schon mit den Köpfen in den Maschen fest, die sie erbarmungslos festhalten. Ein ohrenbetäubender Lärm herrscht hier unten. Verursacht von den Flossenschlägen der Fische, die immer dichter zusammengedrängt werden, während die Winde des Schiffes Meter um Meter einholt. Zwischen den Thunfischen entdecke ich mehrere große Hammerhaie. Auch sie schwimmen in Panik hin und her, auf der Suche nach einem Fluchtweg.

Ich spiele mit dem Gedanken, ein Loch in das Netz zu schneiden, um die Tiere zu befreien. Ein kurzer Ruck, und sie alle wären in Freiheit. Doch ich weiß: Das ist selbst den Aktivisten nicht erlaubt. Dieses Gefühl der Ohnmacht, nichts tun zu können, obwohl man den grausamen Ausgang dieses Dramas schon vor seinem geistigen Auge hat. Ich befinde mich mittlerweile gefährlich nah am Netz, das bereits dicht an den Purse Seiner herangeholt wurde. Die Fischer brüllen mir zu und ich weiß, dass ich nicht sehr viel länger hierbleiben kann, ohne ein zu großes Risiko einzugehen. Das Wasser um das Netz hat sich inzwischen blutrot gefärbt. Die Thunfische und die Haie darin kann ich nicht mehr erkennen. Betroffen signalisiere ich dem Zodiac, mich wieder einzusammeln, um etwas Abstand zu gewinnen. Lebend werde ich diese wundervollen Tiere nicht mehr wiedersehen, das weiß ich.

Im Bauch des Schiffes

Knapp eine Stunde später sind die meisten der Thunfische im Bauch des Schiffes verschwunden. Eine riesige Kelle (der sogenannte „Löffel") senkt sich immer wieder in das zusammengezogene Netz und holt mit jedem Griff tonnenweise Fisch herauf. Der Beifang wird noch an Deck aussortiert und so kommt es, wie es kommen muss. Auch die Hammerhaie sehe ich hier wieder. Sie sind längst tot. Zerdrückt vom Gewicht der Thunfische werden sie achtlos über Bord geworfen. Mir ist durchaus bewusst, dass man spätestens jetzt, unter Aufsicht der Fischereibehörde und der mit Maschinengewehren bewaffneten Soldaten, streng nach Vorschrift arbeitet. All das ist legal. Ich weiß aber auch: Nur allzu oft verdient sich die Crew genau in solchen Momenten ein sehr lukratives Zubrot, indem sie die heiß begehrten Haifischflossen brutal absäbelt. Der asiatische Markt ist ein zuverlässiger Abnehmer … Mir stehen die Tränen in den Augen. Doch ich muss weiter fotografieren. Denn diese Bilder

INFO | GESCHICHTE

Hanno der Seefahrer, ein phönizischer Admiral, besegelte womöglich schon im Jahr 470 v. Chr. den Golf von Guinea, an dem auch Gabun liegt. Auf der Suche nach neuen Handelsrouten fertigte er einen Reisebericht an, der in griechischer Übersetzung bis heute überliefert ist.

sind es, die ich zeigen möchte, um einen Eindruck davon zu geben, was hinter dem vielfältigen Fischangebot steckt, das wir im Supermarkt präsentiert bekommen.

An diesem Tag ist mein Respekt vor der Arbeit der Aktivisten noch einmal gewachsen. Auch sie sind betroffen und traurig, haben dieses Szenario jedoch schon etliche Male erlebt. Zumindest verstehe ich jetzt, was viele von ihnen antreibt. Es ist der Wille, dieses Massensterben einzudämmen und zu regulieren. Denn so kann es nicht weitergehen. Was diese Menschen für unsere Ozeane tun, ist beeindruckend. Sie bringen Wahrheiten ans Licht, die vorher gut versteckt geblieben sind. Sie zeigen Bilder, die zum Nachdenken anregen, sie stehen auf der Seite der Tiere. Und das macht sie zu meinen Helden.

Die Silhouette eines riesigen Mantarochens zeichnet sich knapp unter der Wasseroberfläche ab. Eine willkommene Abwechslung zu den vielen Stunden, in denen man nur auf den Horizont blickt, um nach Fangschiffen oder FADs Ausschau zu halten.

Ein Thunfisch steckt mit seinem Kopf in den Maschen des riesigen Netzes fest. Viele Tiere schwimmen in ihrer Panik mit aller Kraft in cie Netze. Ein letzter Fluchtversuch, der ohne Erfolg bleibt. Wenige Stunden später wird auch dieser Fisch im Bauch des Purse Seiners verschwunden sein.

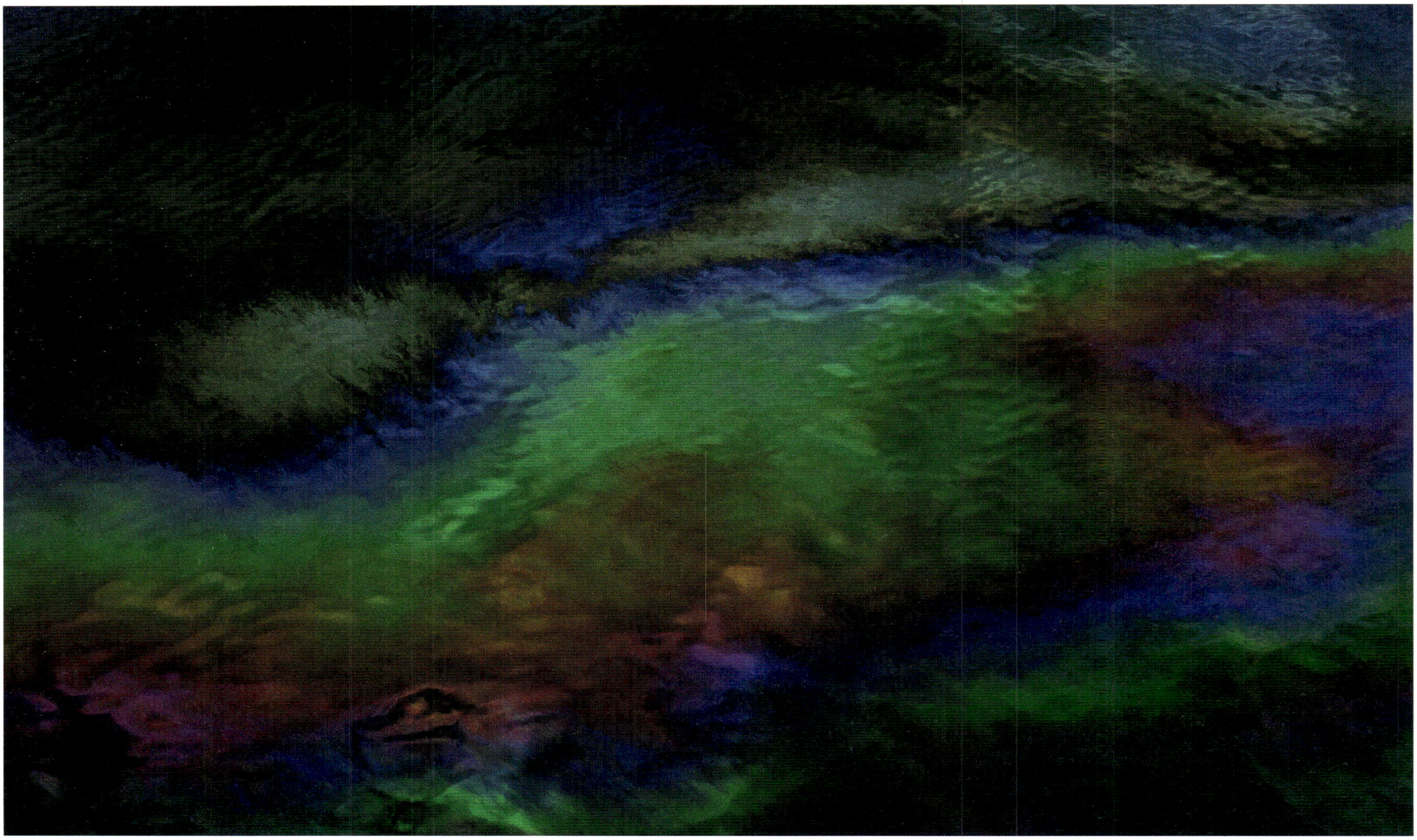

Die Förderung von Öl im Atlantik ist ein lukratives Geschäft. Ob nun vor den Kanaren oder im Golf von Guinea, das schwarze Gold verspricht Geld und zieht die Industrie an wie das Licht die Motten.

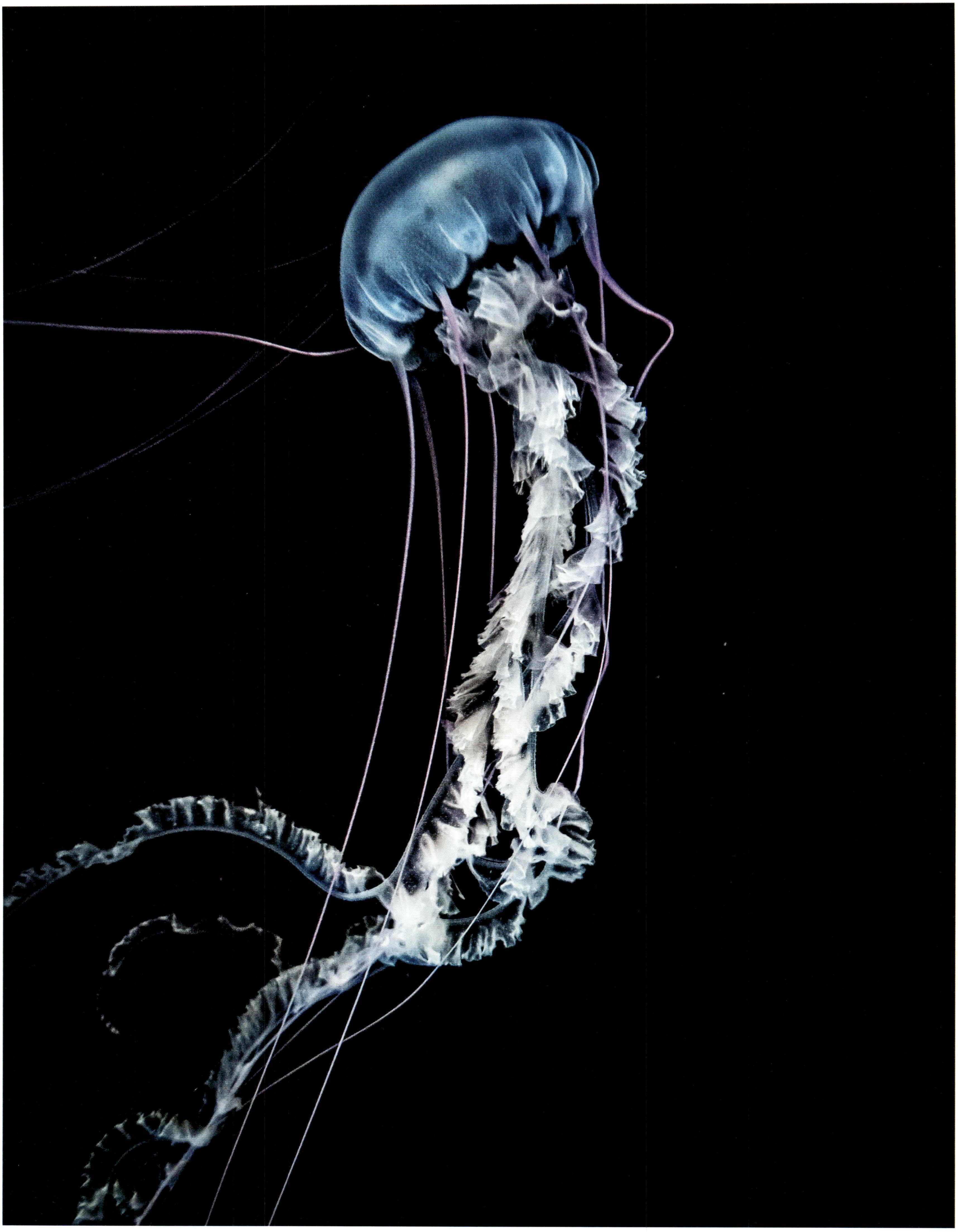

Thunfisch

„Das Geräusch der in Panik hin und her rasenden Thunfische im Netz des Purse Seiners werde ich nie vergessen. Es war ohrenbetäubend! Solche Massaker finden tagtäglich in unseren Ozeanen statt, um die immense Nachfrage nach Fisch zu befriedigen.“

Größe:
(je nach Art) 1 bis 4,5 m

Ernährung:
Makrelen, Heringe, Kalmare, Krebstiere

Thunfisch und Mensch:
Jährlich werden über zwei Millionen Tonnen Thunfisch gefangen.

Thunfisch in Japan:
Besonders seltene (und stark bedrohte) Thunfischarten werden auf japanischen Märkten zum Teil mit 10.000 US-Dollar und mehr pro Kilogramm gehandelt.

INFO | THUNFISCH

Der Weiße Thun, oder auch Langflossenthun genannt, ist ein bedeutender Speisefisch und wird weltweit in den verschiedensten Formen vermarktet. Man findet ihn als Frischfisch, geräuchert oder in Dosen. Der auch als Albacore bezeichnete Fisch ist der Namensgeber der Sea-Shepherd-Operation Albacore. Er wird von der Weltnaturschutzunion als „potenziell gefährdet" eingestuft.

Ort:
Atlantischer Ozean
Karibisches Meer
Haiti
Port-au-Prince
Cité Soleil

Herausforderung:
Vermüllung der Meere durch Plastik
Armut in Entwicklungsländern

Helden:
David Katz
Plastic Bank

Aufgabe/Ziel:
Reduzierung von Plastikmüll in den Weltmeeren
Bekämpfung der Armut in Entwicklungsländern

Unsere Welt aus Plastik

Die weltweite Meeresverschmutzung durch Plastik und Kunststoffe ist neben dem Klimawandel das wohl am meisten diskutierte Umweltthema unserer Zeit.

Etwa 70 Prozent der Erdoberfläche sind von Wasser bedeckt und inzwischen befinden sich auch in den abgelegensten Winkeln unserer Weltmeere Unmengen an Plastikmüll – selbst in bis zu 12.000 Metern Tiefe. Plastik ist im Meer nahezu unvergänglich und wird das Leben jedes Einzelnen von uns um Jahrhunderte überdauern. Der Abrieb durch Wellen und die Sonnenstrahlung lassen es lediglich langsam in kleinere Partikel zerfallener, die wir als Mikroplastik an unseren Stränden und in den Mägen verendeter Meeresbewohner und Vögel wiederfinden. Die große Masse jedoch sinkt für Ewigkeiten auf den Grund unserer Ozeane ab. Schwimmender, noch nicht zerfallener oder abgesunkener Müll sammelt sich oft zu überdimensionalen Müllteppichen an der Meeresoberfläche. Diese gigantischen, durch Meeresströmungen entstandenen Akkumulationszonen finden sich mittlerweile in allen großen Ozeanen wieder und haben Ausmaße erreicht, die größer sind als ganz Europa: schwimmende Kontinente aus Müll.

Wir alle haben die Bilder von im Meer treibenden Gegenständen in sämtlichen Formen und Farben schon gesehen. Von arglos weggeworfenem Restmüll, der als Treibgut am Strand endet, bis hin zur PET-Flasche oder zur berühmten Plastiktüte. Auch Mikroplastik, bunte kleine Teilchen, die fälschlicherweise von Tieren als Nahrung verschluckt werden, birgt eine große Gefahr für die Biodiversität im Wasser.
Mittlerweile sind diese Bilder altbekannte Eindrücke und das Wissen darum ist nicht länger nur gut Informierten, Wissenschaftlern und Umweltschützern vorbehalten. Das Gegenteil ist der Fall. Das Ausmaß der Verschmutzung hat mittlerweile jeder von uns vor Augen. Gleichgültig ob wir an unseren heimischen Küsten spazieren gehen, in teuren Luxushotels auf entlegenen Atollen Urlaub machen oder uns am Nordpol aufhalten … Selbst hier ist Plastikmüll ein allgegenwärtiges Problem.

Die Müllautobahnen unseres Planeten

Immer wieder habe ich mir die Frage gestellt, ob man all diesen Müll einsammeln könnte. Wäre das überhaupt möglich? Wie oft müssten wir wohl von vorn beginnen, wo doch gefühlt mit jeder Welle neuer Müll an Land getragen wird? Eine Sisyphusarbeit, zwangsläufig durchzogen von Rückschlägen. Wäre die Bucht, die man heute vom Plastik befreit, morgen nicht schon wieder voll davon?

Mittlerweile aber weiß ich, dass diese Frage den Kern des Problems nicht trifft.

Geschätzt gelangen mittlerweile jedes Jahr acht Millionen Tonnen Plastik in die Ozeane. 90 Prozent davon wird allein von zehn großen Flüssen in die Meere getragen: Jangtse, Gelber Fluss, Hai He, Perlfluss, Amur, Mekong, Ganges, Indus, Niger und Nil. Die Dimensionen sind kaum vorstellbar.

Ich habe mich auf die Suche nach einer Lösung für dieses globale Problem gemacht. Ein Problem, dessen Ursprung an Land liegt. Menschlicher Unrat sowie Abwässer aus Landwirtschaft und Industrie verwandeln die großen Flüsse der Erde in giftige Müllautobahnen, die in unseren Meeren enden. Von hier aus ist es nur noch eine Frage der Zeit, bis Gezeiten, Wind und Meeresströmungen den Abfall in alle Winkel unserer Ozeane tragen. Bis an unsere Küsten.

Info | Ökologie

Plastikmüll zählt zu den größten Problemen der marinen Ökosysteme. Durchschnittlich schwimmen mehr als 13.000 Teile Plastik in jedem Quadratkilometer Ozean. 2013 befanden sich bis zu 150 Millionen Tonnen Abfall in unseren Weltmeeren.

Unsere Welt aus Plastik

Die weltweite Meeresverschmutzung durch Plastik und Kunststoffe ist neben dem Klimawandel das wohl am meisten diskutierte Umweltthema unserer Zeit.

Etwa 70 Prozent der Erdoberfläche sind von Wasser bedeckt und inzwischen befinden sich auch in den abgelegensten Winkeln unserer Weltmeere Unmengen an Plastikmüll – selbst in bis zu 12.000 Metern Tiefe. Plastik ist im Meer nahezu unvergänglich und wird das Leben jedes Einzelnen von uns um Jahrhunderte überdauern. Der Abrieb durch Wellen und die Sonnenstrahlung lassen es lediglich langsam in kleinere Partikel zerfallener, die wir als Mikroplastik an unseren Stränden und in den Mägen verendeter Meeresbewohner und Vögel wiederfinden. Die große Masse jedoch sinkt für Ewigkeiten auf den Grund unserer Ozeane ab. Schwimmender, noch nicht zerfallener oder abgesunkener Müll sammelt sich oft zu überdimensionalen Müllteppichen an der Meeresoberfläche. Diese gigantischen, durch Meeresströmungen entstandenen Akkumulationszonen finden sich mittlerweile in allen großen Ozeanen wieder und haben Ausmaße erreicht, die größer sind als ganz Europa: schwimmende Kontinente aus Müll.

Wir alle haben die Bilder von im Meer treibenden Gegenständen in sämtlichen Formen und Farben schon gesehen. Von arglos weggeworfenem Restmüll, der als Treibgut am Strand endet, bis hin zur PET-Flasche oder zur berühmten Plastiktüte. Auch Mikroplastik, bunte kleine Teilchen, die fälschlicherweise von Tieren als Nahrung verschluckt werden, birgt eine große Gefahr für die Biodiversität im Wasser.
Mittlerweile sind diese Bilder altbekannte Eindrücke und das Wissen darum ist nicht länger nur gut Informierten, Wissenschaftlern und Umweltschützern vorbehalten. Das Gegenteil ist der Fall. Das Ausmaß der Verschmutzung hat mittlerweile jeder von uns vor Augen. Gleichgültig ob wir an unseren heimischen Küsten spazieren gehen, in teuren Luxushotels auf entlegenen Atollen Urlaub machen oder uns am Nordpol aufhalten … Selbst hier ist Plastikmüll ein allgegenwärtiges Problem.

Die Müllautobahnen unseres Planeten

Immer wieder habe ich mir die Frage gestellt, ob man all diesen Müll einsammeln könnte. Wäre das überhaupt möglich? Wie oft müssten wir wohl von vorn beginnen, wo doch gefühlt mit jeder Welle neuer Müll an Land getragen wird? Eine Sisyphusarbeit, zwangsläufig durchzogen von Rückschlägen. Wäre die Bucht, die man heute vom Plastik befreit, morgen nicht schon wieder voll davon?

Mittlerweile aber weiß ich, dass diese Frage den Kern des Problems nicht trifft.

Geschätzt gelangen mittlerweile jedes Jahr acht Millionen Tonnen Plastik in die Ozeane. 90 Prozent davon wird allein von zehn großen Flüssen in die Meere getragen: Jangtse, Gelber Fluss, Hai He, Perlfluss, Amur, Mekong, Ganges, Indus, Niger und Nil. Die Dimensionen sind kaum vorstellbar.

Ich habe mich auf die Suche nach einer Lösung für dieses globale Problem gemacht. Ein Problem, dessen Ursprung an Land liegt. Menschlicher Unrat sowie Abwässer aus Landwirtschaft und Industrie verwandeln die großen Flüsse der Erde in giftige Müllautobahnen, die in unseren Meeren enden. Von hier aus ist es nur noch eine Frage der Zeit, bis Gezeiten, Wind und Meeresströmungen den Abfall in alle Winkel unserer Ozeane tragen. Bis an unsere Küsten.

Info | Ökologie

Plastikmüll zählt zu den größten Problemen der marinen Ökosysteme. Durchschnittlich schwimmen mehr als 13.000 Teile Plastik in jedem Quadratkilometer Ozean. 2013 befanden sich bis zu 150 Millionen Tonnen Abfall in unseren Weltmeeren.

Ein schwarzer Strom aus Plastikabfällen und Fäkalien bahnt sich seinen Weg in das Meer der Karibik. Diese Luftaufnahme verdeutlicht, wie groß das Ausmaß der Verschmutzung ist, und wir alle können uns vorstellen, was mit unseren Ozeanen passiert, wenn wir unser Verhalten nicht nachhaltig überdenken.

Wie aber kann eine Lösung für diese dramatische Situation aussehen? Auf der Suche nach einer Antwort fand ich einen Mann, der mit seiner Arbeit dort ansetzt, wo die Vermüllung beginnt. An Land.

Wie aber kann eine Lösung für diese dramatische Situation aussehen? Auf der Suche nach einer Antwort fand ich einen Mann, der mit seiner Arbeit dort ansetzt, wo die Vermüllung beginnt. An Land.

Eine Bank für Plastik?

Um ihn bei seiner Arbeit zu besuchen, reise ich gemeinsam mit Sabine Streich, die mich dieses Mal für die Filmaufnahmen begleitet, auf die Karibikinsel Hispaniola. Hier in Haiti, einem Hotspot der Plastikverschmutzung, werden wir David Katz treffen, der mit seiner Firma Plastic Bank ein System erschaffen hat, das den Menschen vor Ort erstmals nach den verheerenden Katastrophen der letzten Jahre wieder Hoffnung gibt. Haiti, ein Land, gebeutelt vom Jahrhunderterdbeben im Jahr 2010, das sein Epizentrum direkt unter der Hauptstadt Port-au-Prince hatte – gefolgt von Wirbelstürmen und Choleraepidemien. Die Menschen hier leben in völliger Armut, ohne funktionierendes Abwasser- oder Müllentsorgungssystem. Doch wie schlimm es hier wirklich ist, erfährt man nur, wenn man sich selbst ein Bild von der Lage macht.

Schon auf dem Weg vom Flughafen zum Hotel bekommen wir einen ersten Eindruck vom Ausmaß der Vermüllung, die das offensichtlichste Problem der Menschen in Port-au-Prince ist. Überall türmen sich Berge von Einwegplastik, Styroporverpackungen, wohin das Auge reicht. Dazu die typischen Haushaltsabfälle und Fäkalien. Es stinkt so erbärmlich, dass wir die Fenster unseres Autos nicht öffnen können.

Im Hotel angekommen, werden wir sofort mit der Sicherheitslage in der Stadt vertraut gemacht. Ohne den Fahrer der Plastic Bank und einigen bewaffneten Securities geht hier gar nichts. Sich zu Fuß außerhalb des Hotels zu bewegen, davon wird uns abgeraten. Alles ist durchgeplant, und so werden wir in den kommenden Tagen zu jedem Interviewtermin von Einheimischen und Dolmetschern begleitet.

Fotografen und Kamerateams sind keine willkommenen Gäste in Haiti, besonders nicht in den ärmeren Vierteln. Die Sensationsgeilheit der Medien hat das Vertrauen der Bevölkerung mit Füßen getreten und auch wir müssen einige Erklärungen abgeben, was unsere Absichten hier betrifft. Doch zum Glück gehören wir zum Team von David Katz. Er hat hier mit seiner Plastic Bank eine Institution etabliert, die den Menschen direkt hilft und ihnen die Aussicht auf ein besseres Leben gibt. Wir begleiten David in den kommenden Tagen zu einigen der Sammelstellen für Plastikmüll und lassen uns sein Prinzip, nach dem der Rohstoff Plastik hier einen Wert erhält, erklären.

Der Plastikmüll hat in Haiti einen Wert bekommen. Ganze Familien helfen mit beim Einsammeln und Sortieren des Plastiks in verschiedene Kategorien. Am Ende können sie durch diese Arbeit ihren Lebensstandard verbessern und helfen gleichzeitig, den Rohstoff in den Recyclingkreislauf zurückzuführen.

Social Plastic

Konbit Plastik
Social Plastic
PLASTIC BANK
Se nan konbit nou jwenn fyète nou, an
konbit plastik!

KONBIT
PLASTIK
RAMASE LAJAN

Wie bei einer Bank, erläutert uns David, bekommen die Menschen von der Plastic Bank für ihr eingesammeltes Plastik entweder eine digitale Gutschrift, mit der sie in bestimmten Geschäften einkaufen können, oder sie tauschen das Plastik direkt in Geld, Sach- oder Dienstleistungen ein. Die Menschen sehen in dem Rohstoff nicht mehr nur den Müll, der sie zu ersticken droht, sondern eine Chance auf eine bessere Zukunft. Gleichzeitig helfen sie der Umwelt und vor allem unseren Meeren. Denn was in den Kreislauf der Industrie zurückgeführt wird, landet nicht im Ozean.

„Wir können Ozeanplastik nur dann stoppen", erklärt David weiter, „wenn wir den Wert des Kunststoffs sichtbar machen, indem wir dafür sorgen, dass der größtmögliche Teil seines Wertes in den Händen der Sammler verbleibt. Wir stoppen den Eintrag von Plastikmüll in die Meere und bekämpfen dabei die Armut." David Katz und sein Partner Shaun Frankson haben es geschafft, eine Lösung zu entwickeln, die sowohl den Menschen in den Armutsregionen hilft als auch das Problem der Vermüllung an der Wurzel packt.

Wo früher ein karibischer Strand lag …

Wie viel Müll sich im Laufe der Jahre in und um Port-au-Prince angesammelt hat, wird besonders an den ehemaligen Stränden der Stadt in den Armenvierteln deutlich. Diese Gegenden können wir nur unter äußersten Sicherheitsmaßnahmen betreten. Die hohe Bandenkriminalität ist nicht zu unterschätzen, wird uns gesagt.

Doch was mich hier erwartet, verschlägt mir regelrecht die Sprache. Wo einst ein karibischer Strand gewesen sein muss, türmt sich nun eine meterhohe Schicht aus stinkendem Abfall. Kein Sand, kein Boden ist zu sehen. Der Müll reicht wabernd bis weit ins Wasser hinein, wo er sich dann allmählich verliert. Ein kleiner Fluss

Info | Geologie

Das Erdbeben von Haiti am 12. Januar 2010 war das verheerendste Beben in der Geschichte Amerikas. Über 300.000 Menschen kamen ums Leben. Der wirtschaftliche Schaden betrug etwa acht Milliarden Dollar – mehr als das jährliche Bruttoinlandsprodukt des Landes.

mündet unweit von uns in das Karibische Meer. Schwarzes, nach Fäkalien stinkendes Wasser verfärbt das ursprüngliche klare Blau graubraun und lässt uns nur ahnen, wie ungesund ein Bad hier wäre. Es sind erschreckende Bilder.

Doch inmitten dieser Katastrophe keimt ein Hoffnungsschimmer: Menschen, die als Müllsammler für die Plastic Bank arbeiten. Sie sammeln die verschiedenen Plastiksorten, um sie später zu sortieren und abzugeben. Der Rohstoff wird in Kategorien eingeteilt, und so tun es auch die Sammler. Einige von ihnen häufen unglaubliche Mengen bunter PET-Flaschen an, bevor sie sie zu den Sammelstationen bringen, wo die riesigen Tüten gewogen werden. Die Bezahlung erfolgt nach Gewicht. Aus dem Müll wird im Anschluss wieder der Grundstoff für die Plastikgewinnung: ein Granulat, das an die Partner der Plastic Bank verkauft wird, die daraus neue Verpackungen herstellen können. Unter dem Namen Social Plastic ist es mittlerweile ein positives Symbol für Recycling geworden.

„Monsieur le président“

Vom Strand aus geht unsere Fahrt weiter, mitten hinein in die Slums, um einen Menschen zu treffen, der hier unter dem Beinamen „Monsieur le président“ bekannt ist und der uns persönlich herumführen wird. Hier gibt es für die Menschen kaum noch Platz zum Leben. Dicht an dicht drängen sich die kleinen Wellblechbuden und Verschläge, in denen ganze Familien auf nur ein paar Quadratmetern leben. Eine Kanalisation oder gar Müllabfuhr existiert nicht. Banden beherrschen das Gebiet und haben die örtliche Polizei schon längst aus den Straßen vertrieben.

INFO | WIRTSCHAFT

Haiti ist das ärmste Land der westlichen Hemisphäre. Von den etwa 10 Millionen Einwohnern leben etwa 80 Prozent von weniger als zwei US-Dollar am Tag. Mehr als zwei Drittel der Bevölkerung im erwerbsfähigen Alter hat keine Arbeit.

Doch der blinde „Monsieur le président" Joseph Dieufaite ist für die Menschen hier eine feste Größe. Eine Art geistiger Führer. Stets umringt von Kindern, die ihn mit helfenden Händen durch das enge Gewirr von staubigen Gassen leiten. Sie umgeben ihn in einer herumwirbelnden Traube, flüstern ihm Dinge zu, weichen nicht von seiner Seite. Sabine und ich im Schlepptau mit unseren Kameras. Wir können die Blicke spüren, die uns den ganzen Weg über verfolgen, doch anscheinend sind wir hier tatsächlich sicher. Denn wer ein Freund von David ist, der ist auch ein Freund des Volkes.

Unser Rundgang führt uns vorbei an Voodoostätten mit toten Hühnern an der Wand und brennenden Tonnen, aus denen giftiger Aluminiumdampf steigt, bis hin zum sogenannten Styrofluss. Unglaublich, aber wahr: ein sich fortbewegender Strom aus Styroporabfällen. So etwas haben wir wirklich noch nie gesehen. Ein Extrem jagt in dieser Stadt das nächste. Gerade, wenn man denkt, dass es schlimmer nicht werden kann, wird man eines Besseren belehrt.

Zeichen setzen

Es scheint wirklich wie ein nicht enden wollender Albtraum, gegen den David mit seiner Plastic Bank hier kämpft. Aber die Erfolge geben ihm recht und den Mut weiterzumachen. Denn überall auf der Welt gibt es Menschen wie in Haiti. Und überall auf der Welt gibt es Plastik. Menschen wie er sind es, die am Ende Großes bewegen können und selbst die Industrie beeinflussen. Wir Verbraucher haben die Möglichkeit, uns beim Einkauf bewusst für Produkte aus recyceltem Plastik zu entscheiden, wenn wir schon nicht

Bereits in der Schule lernen die Kinder in Haiti heute den Umgang mit Plastikmüll. Das Bewusstsein der jungen Generation wird auch hier geweckt und somit ist ein weiterer Schritt in eine positive Entwicklung des Landes getan.

ganz auf diesen Rohstoff verzichten können. Zumindest setzen wir damit ein Zeichen, dass auch andere Unternehmen irgendwann zum Umstieg auf „Social Plastic“ bewegt werden. Jeder Einzelne von uns kann seinen Teil zur Lösung des globalen Plastikproblems in unseren Meeren beitragen und selbst entscheiden, wie groß dieser Beitrag sein soll. Es gibt unzählige Möglichkeiten, mit denen wir kleine Schritte in die richtige Richtung gehen können. Angefangen vom Umstieg zurück auf Naturseife über den Verzicht auf Plastiktüten und Strohhalme bis hin zum bewusst plastikreduzierten Einkauf. Es liegt in unserer Hand, ein Zeichen zu setzen.

Unsere Kinder sind es, die die Entwicklung, die momentan noch in den Anfängen steckt, vorantreiben müssen. Sie werden es sein, die Lösungen etablieren und umsetzen. Wir können heute den Weg dorthin bereiten und ihnen ein Bewusstsein mit auf den Weg geben, mit dem sie es schaffen, unser Fehlverhalten zu korrigieren.

Seevogel

„Unzählige Seevögel verenden täglich an den Folgen der Verschmutzung unserer Meere. Die Konsequenzen der Probleme in den Ozeanen beschränken sich nicht nur auf das Wasser.“

Vorkommen:
weltweit im (Pinguine, Alken, ...) und über (Möwen, Albatrosse, Seeschwalben, ...) dem Meer

Merkmale:
Im Gegensatz zu vielen anderen Vögeln sind Seevögel sehr selten bunt gefiedert. Vorherrschende Färbungen sind Schwarz, Weiß, Grau und Braun.

Alter:
Seevögel leben meist länger als andere Vogelarten. Königsalbatrosse können über 60 Jahre alt werden.

Seevogel und Mensch:
Jährlich sterben über eine Million Seevögel durch Plastik, das sie mit der Nahrung aufnehmen.

INFO | SEEVOGEL

Küstenseevögel wie die Seeschwalbe sind überall auf der Welt beheimatet. Sie finden ihre Nahrung im Wasser und teilweise auch an Land, wie zum Beispiel die größeren Möwen. Besonders in den letzten Jahrzehnten werden vermehrt Plastikteile in den Mägen verendeter Tiere gefunden, auf die ihr Tod zurückzuführen ist. Ein Magen voll unverdaulichem Plastik lässt keinen Platz mehr für natürliche Nahrung. Die Folge: Die Tiere verhungern. Selbst Fische fressen die kleinen bunten Teilchen. Sie wiederum landen in den Mägen der Seevögel. Ein tödlicher Kreislauf, für den wir dringend Lösungen brauchen. Damit Plastik gar nicht erst in unsere Meere gelangt.

Ort:

Atlantischer Ozean

Azoren

Faial

Horta

Herausforderung:

Artensterben

Verlust der Biodiversität

Helden:

Rick Rosenthal

(Kameramann und Meeresbiologe)

Aufgabe/Ziel:

Erzeugung von Aufmerksamkeit für die Bedürfnisse unserer Ozeane

Das größte Raubtier unseres Planeten

Eine Million Tierarten. Eine Zahl, die uns so unwirklich erscheint, dass man sie kaum glauben mag. Als ich sie zum ersten Mal hörte, wurde mir bewusst, dass ich mir eigentlich noch nie richtig Gedanken darüber gemacht hatte, wie viele Tierarten es auf der Erde wohl geben mag. Doch wie ernüchternd ist erst die Erkenntnis, dass es sich bei dieser Zahl nicht um die Menge der Spezies weltweit handelt, sondern um die geschätzte Anzahl der vom Aussterben bedrohten Tierarten.

Eine Million! Das zumindest gibt der aktuelle Bericht des Weltbiodiversitätsrats (IPBES) wieder. Eine Million Tierarten, die verschwinden könnten, wenn wir nicht bald etwas unternehmen.

Um diese sich annähernde Katastrophe zu verhindern, ist die Zusammenarbeit aller Länder nötig und eine gemeinsame Zielsetzung ist die Grundvoraussetzung hierfür. Aber inwiefern kann auch ich – und damit: wir alle – mit meinem eigenen Verhalten, meinem Umgang mit der Natur, meiner Verantwortung ihr gegenüber etwas bewirken? Was liegt in meiner Macht? Natürlich: Neben meiner Art zu leben ist mein Beruf die beste Möglichkeit, etwas zu bewirken. Demzufolge versuche ich als Fotograf die Aufmerksamkeit auf das Schöne zu lenken, das wir zu verlieren drohen, um ein Bewusstsein zu kreieren, das uns zum Umdenken verleitet. Denn vom kleinsten Insekt bis zum größten, berüchtigtsten Raubtier unserer Meere hat jede einzelne Spezies einen wichtigen Platz im sensiblen Gefüge eines funktionierenden Ökosystems. Das natürliche Gleichgewicht wird über die Artenvielfalt reguliert und kann eine solch erschreckende Zukunftsprognose nicht überstehen. Denn keine einzelne Art auf unserem Planeten ist entbehrlich. Das gilt für Kakerlaken, Riesenspinnen, Mücken oder Quallen genauso wie für Wale oder den Pandabär. Auch wenn das für uns Menschen auf den ersten Blick nicht ganz nachvollziehbar scheint … Die Wahrheit ist: Ob wir ein Tier niedlich oder abschreckend finden, hat keinerlei Relevanz. Aber so sind wir Menschen nun einmal: emotional. Ob durch Tierparks, Filme oder ein bestimmtes Hobbys, wir alle kommen regelmäßig mit Tieren in Kontakt und sind in dem Bewusstsein aufgewachsen, dass es zahllose Arten gibt, egal ob an Land, in der Luft oder im Wasser. Doch die Zeiten sind vorbei, in denen sich Menschen der Vielfalt in der Natur nur allzu sicher waren. Wir müssen anfangen, über unser Verhalten nachzudenken, und bewusster handeln.

Der Mensch als Fremdkörper

Für mich ist das Tauchen seit jeher eine große Leidenschaft, durch die mir stets von Neuem klar wird, dass wir nachhaltig und vorsichtig mit allem Leben auf der Erde umgehen müssen. Jeder Taucher, der eine ordentliche Prüfung abgelegt hat, weiß, dass wir Menschen ein

Info | Geografie

Die Vulkaninsel Faial liegt mitten im Atlantik und ist Teil des Azoren-Archipels, das aus neun größeren und einigen kleineren Inseln besteht und zu Portugal gehört. Es herrscht das ganze Jahr über ein gemäßigtes Klima, das mit seinen milden Temperaturen auf einigen der Inseln sogar zu tropischem Pflanzenwachstum beiträgt.

Fremdkörper in der Unterwasserwelt sind. Wir haben Vorsichtsmaßnahmen und Verhaltensregeln gelernt und entsprechend behutsam bewegen wir uns im Wasser. Denn es ist und bleibt ein fremdes Element, von dem nach wie vor nur ein Bruchteil bekannt ist und das in seiner Ökologie viel fragiler ist, als man es vermuten würde. Doch unser Wissen über marine Lebensräume steht in keinem Verhältnis zu unserem Verhalten ihnen gegenüber. Wir sehen es in diesem Buch: Der Mensch ist für unsere Ozeane definitiv die größte Gefahr.

Unzählige Arten leben im Meer. Doch nur wenige von uns erleben die Schönheit und Faszination unserer Ozeane direkt und hautnah. Dabei sind persönliche Erfahrungen der beste Weg, um zu erkennen, wie wichtig und schützenswert unsere Meere sind. Denn nur, was wir lieben, wollen wir auch bewahren. Natürlich kann nicht jeder aufbrechen, um sich in den Meeren der Erde deren Schönheit bewusst zu machen. Es braucht also einen „Helden", der die unglaubliche Vielfalt, die farbenfrohen Korallenriffe, die Weiten der Ozeane und die geheimnisvolle Tiefsee direkt zu uns nach Hause bringt, wo sie uns verzaubern können. Wo wir sie kennenlernen und den Wunsch entwickeln, sie schützen zu wollen.

Ein legendärer Filmemacher

Ich habe Rick Rosenthal auf einer meiner Reisen mit der Pelagic Fleet im Golf von Kalifornien kennengelernt und war sofort begeistert von seiner Liebe zu unseren Ozeanen. Wenn er mit leuchtenden Augen von seinen Abenteuern erzählt, merkt man sofort, dass aus ihm die pure Leidenschaft spricht. Genau diese Leidenschaft ist es auch, die Rick zu einem der erfahrensten Unterwasserfilmer unserer Zeit gemacht hat. Unzählige Auszeichnungen ehren ihn und seine Werke – und damit auch das Wissen, das er mit seiner Arbeit vermitteln möchte. Der studierte Meeresbiologe nutzte die Kamera ursprünglich für Forschungszwecke, merkte jedoch schnell, welches Potenzial hinter den bewegten Bildern stecken kann, und wandte sich dem Filmemachen zu. Mittlerweile hat Rick unzählige Filme produziert oder daran mitgewirkt, die den Menschen eine faszinierende Welt direkt nach Hause liefern. Eine Welt voller Wunder und Schönheit.

Mein Freund Martin Hippius, der mich damals schon im Golf von Kalifornien begleitete, und ich sind eingeladen, uns Rick Rosenthal und seinem Team auf der Insel Faial im Azoren-Archipel anzuschließen. Die Lage der Inselgruppe

INFO | BIOLOGIE

Die Gewässer um die Azoren gehören zu den artenreichsten der Welt. 38 Wal- und Delfinarten wurden bereits gesichtet, dazu über 500 Fischarten. Die Inseln bieten Seevögeln eine Ruhestation auf dem Weg über den Atlantik.

Jeder Segler, der hier schon einmal festgemacht hat, verewigt sich mit einem selbst gemalten Bild auf dem Betonsteg. Eine Tradition, die dazu führt, dass man hier Stunden verbringen kann mit dem Lesen und Betrachten der vielen Eindrücke aus aller Welt.

in der Mitte des Nordatlantiks macht die Azoren zu einem der besten Orte weltweit, um Pottwale aufzuspüren. Das tiefe, klare Wasser um diese Inseln ist berühmt für seine Fülle an Walen und Delfinen und Rick kommt seit Jahrzehnten hierher, um das Leben im Meer zu filmen. Die Möglichkeit, dem größten Raubtier des Planeten zu begegnen und möglicherweise nah genug zu schwimmen, um diese legendäre Kreatur zu fotografieren, ist für mich etwas Einmaliges.

Rick und seine Kamerateams arbeiten hier mit einer speziellen Regierungsgenehmigung, die es ihnen erlaubt, das Verhalten von Pottwalen in diesen hochgeschützten Gewässern aufzuzeichnen. Der Hafen von Horta bildet den Ausgangspunkt für unsere Fahrten hinaus auf den Atlantik. Martin und ich sind überglücklich und dankbar, Rick hier treffen zu dürfen, um ihn bei seiner Arbeit fotografieren und filmen zu können.

Nichts als warten …

Doch obwohl die Azoren durch ihre einzigartige Lage mitten im Atlantik den perfekten Lebensraum für unzählige Wal- und Fischarten bieten, ist es nicht leicht, die Pottwale zu finden. Es sind scheue Tiere und sie meiden den Menschen, wenn es geht. Lediglich zum Atmen kommen sie an die Oberfläche. In seltenen Fällen bleiben sie oben, um kurz zu dösen oder die Wärme der Sonnenstrahlen zu genießen. Allerdings reagieren die Tiere äußerst sensibel auf jede Art von fremden Geräuschen, was es schwer macht, sich ihnen mit laufendem Schiffsmotor zu nähern.

Deshalb hat Rick auf unserem Motorboot ein kleines Kajak dabei, das ähnlich wie ein Tretboot funktioniert und ihn nahezu lautlos an die Wale heranbringen kann. Sofern wir sie denn finden …

INFO | MYTHOLOGIE

Einer Hypothese zufolge könnten die Azoren Ursprung des Atlantis-Mythos sein. Der Legende nach existierte mitten im Atlantik eine größere Landmasse, die im Meer versank. Die Azoren könnten deren Reste über dem Meeresspiegel sein.

Tagelang geht es immer wieder hinaus auf See. Dabei entfernt sich Rick stets aufs Neue auf seinem Kajak vom Hauptschiff, um mit einem Hydrophon über Kopfhörer unter Wasser nach den typischen Klicklauten der Tiere zu horchen. Doch leider ohne Erfolg. Hinzu kommt ein Sabotageversuch, der unser Boot lahmlegt. Offensichtlich wissen einige der Fischer im Hafen von Horta nicht, dass es sich bei uns keineswegs um dreiste Touristen oder illegale Fischer handelt. Doch diese Selbstjustiz bringt Ricks Plan durcheinander. Ich buche meinen Rückflug noch einmal um. Denn ein paar Tage länger bedeuten auch ein paar Tage mehr Hoffnung, die Wale endlich zu finden.

Zwei Tage später können wir ein neues Boot organisieren und wieder in See stechen, um die Suche nach den riesigen Walen fortzusetzen. Erneut lässt Rick das Hydrophon von seinem Kajak aus ins Wasser. Nichts. Auch die raue Oberfläche des Ozeans macht die Suche schwieriger. Durch die kleinen Kabbelwellen kann man die an der Oberfläche ruhenden Wale nicht mehr ausmachen. Stunde um Stunde vergeht, ohne irgendein Zeichen der großen Tiere. Als hätte es sie in diesem Teil der Welt nie gegeben.

Wenigstens haben wie viel Zeit, uns zu unterhalten. Als einer der Pioniere im Bereich des Filmens im offenen Meer hat Rick sich einen Namen gemacht und ist bis heute eine feste Größe als Kameramann. Sein Ziel sei es, erzählt er, den Menschen die Schönheit und Faszination der Ozeane näherzubringen, ihnen die Geheimnisse zu zeigen. Und genau das macht ihn für mich so unentbehrlich und zum wichtigen Teil der Rettung unserer Meere. Denn ohne Filmemacher wie ihn gäbe es all die bildgewaltigen und wunderschönen Dokumentationen nicht, aus denen wir so viel über das Meer und seine Lebewesen erfahren.

Diskussionen über Fahrtziel und Route gehören tagtäglich dazu, wenn man ein Tier finden will, das sehr scheu und sensibel ist. Dutzende Male stoppten wir die Maschinen, damit Rick mit seinem kleinen Kajak hinausfahren konnte, um nach den Walen zu horchen.

„Und Wissen bedeutet Aufmerksamkeit", sagt Rick zum Abschluss, als er wieder einmal das Kajak fertig macht, um einen weiteren Versuch zu starten, die Wale zu finden. Und in der Tat, dieses Mal haben wir Erfolg! Er hält inne, schaut kurz auf, offensichtlich hat er etwas gehört. Seine Handzeichen bedeuten uns, an Ort und Stelle zu bleiben. Plötzlich ist alles ganz still, nur eine leichte Brise weht mir um die Haare, während ich gespannt nach irgendeinem Buckel Ausschau halte, einer Fontäne oder Ähnlichem. Rick paddelt derweil in Richtung der vermeintlichen Walgeräusche, die er über seine Kopfhörer verfolgen kann. Nur mit Brille, Schnorchel, Flossen und Kamera bewaffnet, um möglichst wenig Aufwand zu haben und schnell reagieren zu können. Über wie auch unter Wasser.

DER Augenblick

Die erste halbe Stunde gehört Rick allein. Weit draußen paddelt er zwischen den Walen, die auch ich mittlerweile entdeckt habe. Erst nach seinem Zeichen werde ich ins Wasser gehen, um die Tiere nicht zu verschrecken. Ich hätte mir nie erträumt, einem Pottwal einmal so nahe zu kommen. Ehrfurcht macht sich in mir breit, als Rick mir endlich das Signal gibt, ebenfalls ins Wasser zu kommen. Die 200 Meter, die zwischen uns liegen, versuche ich so schnell wie möglich zu überwinden. Langsam komme ich der Gruppe von Walen näher, die knapp unter der Wasseroberfläche zu dösen scheinen. Fast senkrecht ruht einer von ihnen mit dem Bauch der Sonne entgegen vor mir im unendlich leuchtenden Blau.

Als der gewaltige Jäger langsam aus dem Schlaf erwacht und mich sein riesiges Auge entdeckt.

Vorsichtig schiebe ich die schwere Unterwasserkamera vor mir her und tauche zu ihm herab. Immer näher, Stück für Stück, wie in Zeitlupe.

Dann kommt der Moment, den ich bis zu meinem Lebensende nicht vergessen werde. Als der gewaltige Jäger langsam aus dem Schlaf erwacht und mich sein riesiges Auge entdeckt. Regungslos. Sein Blick ruht auf mir. Einen Moment bin ich wie erstarrt, bekomme mich aber schnell wieder in den Griff. Der Augenblick unserer Begegnung scheint mir unendlich und brennt sich für immer in mein Gedächtnis ein: die Erfüllung eines Lebenstraums, den ich mir schon so lange herbeigewünscht habe. Dieser sanftmütige Koloss, so unglaublich elegant und schön, verzaubert diesen Moment, dreht sich plötzlich und verabschiedet sich dann lautlos hinab in die Tiefen des Ozeans unter mir. Unerreichbar für mich. Doch was für ein Erlebnis!

Körperlich am Ende, aber strahlend vor Glück schwimme ich Flossenschlag um Flossenschlag zurück zum Boot, wo die Crew bereits auf mich wartet. Auch Ricks Team sind alle Aufnahmen gelungen. Es sind diese Bilder, mit denen uns Filmemacher, Kameramänner und -frauen Dinge näherbringen, die wir niemals selbst zu sehen bekommen. Ohne sie wäre das Wissen, das Wissenschaftler über unsere Ozeane ansammeln, nicht zu verbreiten. Denn es braucht Bilder. Bilder voller Emotionen, die uns so sehr berühren, dass sie in unser Bewusstsein eindringen. So, wie es der Blick des Pottwals bei mir getan hat.

Die riesigen Tiere einmal live zu erleben war schon immer ein Traum von mir. Sie wirken so elegant im Wasser – trotz ihrer Größe und ihres immensen Gewichts. Zu sehen, wie sie spielen und in der Sonne entspannen, hat sie auf mich nur noch liebenswerter und gutmütiger wirken lassen.

Pottwal

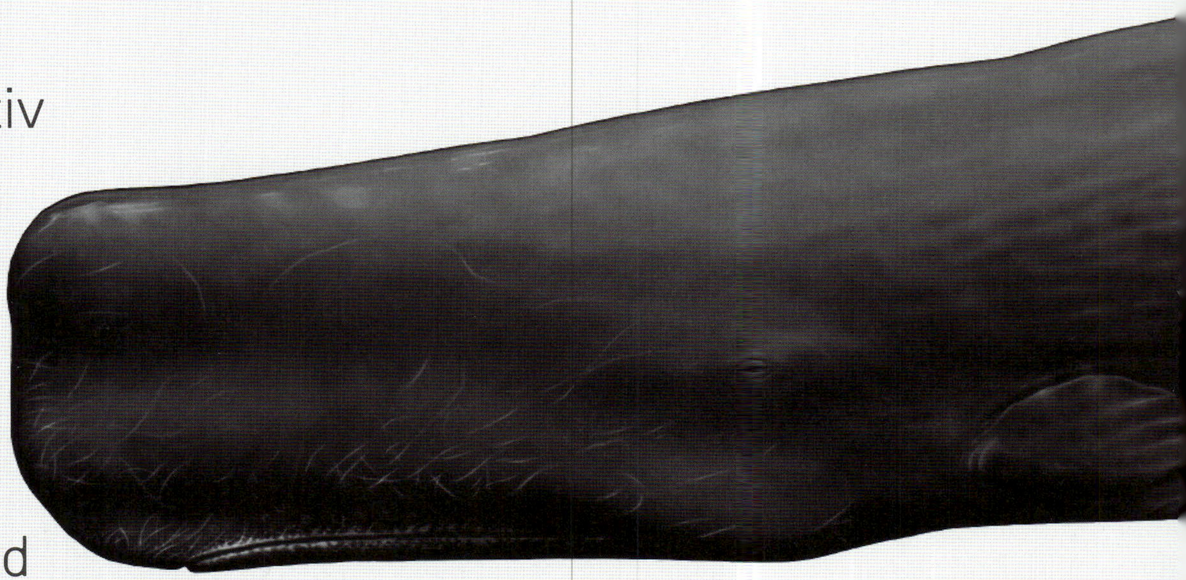

„Der Pottwal ist definitiv mein Lieblingstier. Schon als ich ein Kind war. Damals habe ich mir vorgestellt, wie ein Kampf zwischen einem Riesenkalmar und einem Pottwal in der dunklen Tiefsee wohl aussehen könnte. Bis heute gibt es jedoch keine Aufnahmen davon. Nur die Vorstellung in unseren Köpfen."

Vorkommen:
alle Ozeane der Welt

Laute:
Pottwale können besonders laute Töne erzeugen. Theorien zufolge werden damit bei der Jagd Beutetiere betäubt oder desorientiert.

Tauchtiefe:
vermutlich bis zu 3000 Meter (tiefer als jeder andere Wal)

Pottwal und Mensch:
Es gibt gesicherte Berichte über Angriffe von Pottwalen auf Walfangschiffe. 1820 rammte ein Pottwal die amerikanische Essex so schwer, dass sie unterging.

Info | Pottwal

Moby Dick. Die wohl bekannteste Figur, die je ein Pottwal verkörperte. Ein sanfter Riese, der zugleich das größte Raubtier unseres Planeten ist. Aufgrund seines Waltrans, des Walrats (eine wachshaltige Flüssigkeit im Kopf des Wals) und des im Darm befindlichen Ambras wurden Pottwale jahrzehntelang verfolgt und gejagt. Mittlerweile gelten die Tiere als gefährdet und stehen unter strengem Schutz. Die männlichen Pottwale können bei einem Gewicht von mehr als 50 Tonnen eine Größe von über 20 Metern erreichen. Weibchen sind mit durchschnittlich zwölf Metern etwas kleiner. Sie ernähren sich hauptsächlich von Tintenfischen und Kalmaren, die sie in großen Tiefen erjagen.

Making of

Nachdem ich in meinen ersten beiden fotografischen Projekten bereits Tibet und das Amazonasgebiet Südamerikas bereist hatte, war die Entscheidung, unsere Ozeane als Thema für mein drittes großes Projekt auszuwählen, von Anfang an rein intuitiv. Die Aktualität des Problems, die Notwendigkeit, etwas zu ändern, und meine Liebe zum Meer spiegeln sich darin wider.

Wie schon bei meinen vorherigen Büchern *100 Tage Tibet* und *100 Tage Amazonien* wollte ich nicht nur einen spektakulären Bildband schaffen, sondern aktuelle Themen ans Licht bringen, die zum Nachdenken anregen sollen. Ohne dabei mit dem moralischen Zeigefinger zu wedeln. Ich möchte dem Leser durch meine Arbeit das Gefühl geben, dass es dort draußen etwas zu beschützen gilt. Doch wie kreiert man so ein Buch und wie stößt man damit eine Veränderung für unseren Planeten an?

Mit den Problemen der Ozeane werden wir bereits seit geraumer Zeit konfrontiert und wunderschöne Bildbände zum Thema Ozeane gibt es mit Sicherheit zur Genüge. Wie also unterscheidet sich dieses Buch von den anderen? Die Frage ist einfach zu beantworten: indem ich die Verbindung herstelle zwischen der Schönheit, die wir bewahren müssen, und den Aufgaben, vor denen wir alle stehen. Aufgaben, für die es bereits Lösungen gibt. Entwickelt von Menschen, die nicht länger nur zusehen wollen, sondern aktiv handeln, um unsere Ozeane zu retten. Mit ihrer Arbeit geben sie uns den Glauben daran zurück, dass es noch nicht zu spät ist, und das macht sie zu meinen „Helden" und zu den Protagonisten meines Projektes. Und so war auch der Titel geboren: *Helden der Meere*.

Doch wie bei jedem meiner Bücher floss auch hier zunächst eine Menge Arbeit in die Vorbereitung. Zumal die

Gemeinsam mit der Sea-Shepherd-Crew zerschneiden wir die Geisternetze, die wir während unseres Einsatzes finden und aus dem Meer fischen.

Ehemalige, illegale Fangschiffe liegen versenkt am Rande des Hafens von Port Gentil. Sie gelten als Warnung, in diesen Gewässern nicht ungestraft das Gesetz zu missachten.

An diese schmerzhafte Begegnung mit den Tentakeln einer Qualle werde ich mich noch lange erinnern. Sie brennen wie Bienenstiche und eine Behandlung der Schmerzen kann am schnellsten durch Essig oder Urin erfolgen.

dazugehörige Filmdokumentation ebenfalls geplant werden musste. Welche Probleme waren mir am wichtigsten? Welche die präsentesten? Wo sollte ich meine Helden finden? Und vor allem: Wie konnte man ihre Arbeit am besten darstellen? Sea Shepherd sollte von Anfang ein Teil des Buches werden. Mich beeindruckt die Arbeit dieser Organisation ungemein, weshalb es mich umso mehr gefreut hat, mit an Bord der Bob Barker sein zu dürfen, um die Aktivisten live bei ihren Einsätzen erleben zu können. Aber auch David Katz, der sich für uns auf Haiti viel Zeit genommen hat, war von Anfang an einer meiner Helden. Durch wochenlange Recherche, unzählige E-Mails und Telefonate, aber auch mit etwas Glück habe ich im Laufe der Zeit die weiteren Helden des Projektes zusammengestellt und konnte endlich mit der Vorbereitung der Reisen beginnen.

Dass bei solch zeitaufwendigen Expeditionen nicht immer alles wie geplant verläuft, kann sich wohl jeder vorstellen. Unterwasserfotografie gehört zudem zur schwierigsten Art der Fotografie – und ich hatte viel zu lernen in diesem Bereich. Foto- und Filmkameras stecken in sperrigen Unterwassergehäusen, man braucht viel zusätzliches Licht, von der Taucherausrüstung ganz zu schweigen. Dazu kamen noch die Drohnen für die Luftaufnahmen, Speichermedien und Computer. Das alles in einen einfachen Koffer zu bekommen war oft schwierig, zumal dieser Koffer nicht immer seinen Zielort rechtzeitig erreichte – was mich einige Male zwang, mit simpelster Technik zu improvisieren. Es gab aber noch ganz andere Probleme, die mir weitaus mehr zu schaffen machten.

Auf einer Reise im Indischen Ozean wurde ich schwer krank. Zu allem Überfluss auf einer winzigen Insel, die völlig isoliert lag. Die Entzündung einer Zahnwurzel verschlimmerte sich zusehends und führte zum Abbruch meiner Arbeit, woraufhin ich vollgestopft mit Schmerzmitteln die Rückreise antreten musste. Ein anders Mal erlitt ich einen Trommelfellriss, der mir eine fiese Mittelohrentzündung bescherte. In

Westafrika erwischten mich die Tentakel mehrerer Quallen – was wirklich schmerzhaft ist und bei manchen Arten sehr böse ausgehen kann. Im arktischen Polarmeer waren in der Tauchstation alle Trockenanzüge ausgebucht und ich durfte bei eisigen Temperaturen um den Gefrierpunkt mit einem Nassanzug in das tobende Meer zu den Orcas springen. Von Fäkalien verseuchte Flüsse, durch die meine Kamerafrau und ich knietief waten mussten, der Sabotage unseres Schiffes auf den Azoren oder dem klassisch geplatzten Reifen des Mietwagens ganz zu schweigen …
Die Liste könnte ich noch ewig weiterführen, doch soll sie eigentlich nur vermitteln, mit welchen Hürden man konfrontiert werden kann, selbst wenn die Reise perfekt geplant scheint. Was am Ende bleibt, ist die Erinnerung an eine unglaubliche Zeit und eine großartige Geschichte. Ich liebe die Hürden genau wie die Erfolge, denn sie sind es, die mich in meiner Arbeit so bestärken.

Nicht immer sieht es unter Wasser elegant aus, wenn man versucht, sich mit dem kompletten Equipment herumzudrehen. Irgendwie hat dieses Bild etwas von einem Frosch.

Ich liebe die Hürden genau wie die Erfolge.

„WILSON“. Ein bisschen Spaß muss zwischendurch auch sein. Ich konnte es mir nicht verkneifen und an den Film Cast Away mit Tom Hanks denken.

Ohne die heiße Badewanne (dem sogenannten Hotpot) an Bord wären Espen und ich nach unserem eisigen Tauchgang mit den norwegischen Orcas sicher krank geworden. Eine Stunde hat es gedauert, bis wir wieder einigermaßen warm waren und aus der Wanne heraus durften.

Das Beste zum Schluss

„Helden der Meere" ist ein globales Projekt, das allen Menschen gewidmet ist, die sich auf vielfältigste Weise für das Überleben unserer Ozeane einsetzen. Aber auch denjenigen, die sich durch eine weltweite Bewegung aus Hoffnung dazu inspiriert fühlen, es ihnen in Zukunft gleichzutun: ein Vorbild zu sein.

Ich möchte mit meiner Arbeit zeigen, dass es bereits Menschen da draußen gibt, die nicht mehr länger nur zuschauen. Zuschauen, wie der Zustand unserer Meere sich immer weiter verschlechtert. Menschen mit einer Vision, die sich für das Überleben unserer Ozeane einsetzen – bedingungslos.

Einige von ihnen bekämpfen die Auswirkungen unseres Handelns, andere die Ursachen. Wieder andere bekämpfen illegale Machenschaften direkt vor Ort oder forschen an innovativen Lösungen für die Zukunft. Es gibt so viele unterschiedliche Möglichkeiten, wie wir uns alle einsetzen können. Ob direkt oder indirekt. Mit diesem Buch hoffe ich, nicht nur Eindrücke in eine bedrohte Welt gewähren zu können, sondern auch ein wenig das Bewusstsein zu wecken für die Wichtigkeit des Überlebens unserer Meere. Die Helden dieses Buches stehen symbolisch für den Willen, etwas zu ändern. Und für die Macht, es auch tun zu können. Positive Beispiele, die uns inspirieren sollen.

Mich haben ihre Geschichten berührt und zu einem aufmerksameren, bewussteren Menschen gemacht. Auf meinen Reisen habe ich viel gelernt, Schreckliches gesehen, aber auch Hoffnung erfahren und erlebt. Vor allem aber habe ich noch unendlich viel mehr „Helden" kennengelernt, als ich jemals in einem Buch oder einem Film vorstellen könnte. Menschen, die es verdienen, dass man ihnen und ihrer Arbeit Aufmerksamkeit schenkt. Deshalb ist es mein Ziel, ein globales Netzwerk zu schaffen, in dem all die „Helden der Meere" sichtbar werden, für jeden von uns. Eine stetig wachsende soziale Plattform, die nach Interessen filterbar sein wird und die alle Lösungsansätze, wissenschaftlichen Erkenntnisse und Hilfsaktionen mit den Gesichtern verbindet, die dahinterstehen. Diese Datenbank, die ab Frühjahr 2020 unter *www.heroesofthesea.com* zu finden sein wird, wird Menschen miteinander verbinden, Informationen zu allen Themenbereichen bieten und Interessierten Zugang zu Lösungen verschaffen, die uns helfen, die Ozeane zu schützen und für zukünftige Generationen zu bewahren.

York Hovest

Filmmaker • Marine Ecologist • Speaker

Danksagung

Ich möchte mich an erster Stelle für all die Unterstützung bedanken, die ich im Laufe dieses Projektes erfahren habe. Ein Buch, einen Film und eine globale Datenbank kann man nicht allein auf den Weg bringen. Es bedarf der Hilfe vieler, um ein solches Mammutprojekt – sei es durch persönlichen Einsatz oder mit einer Spende – zu realisieren. Besonders denke ich dabei an diejenigen, die sich persönlich eingebracht haben, wie Seine Heiligkeit, den Dalai Lama, Lars Hinrichs, Sabine Streich, Katrin & Jörg Eigendorf, Miriam Rehbein, Michael Schinner, Martin Hippius, Dustin Weidenhiller, Maurizio Casas, Wolfgang Drahtschmid, Andreas Hess, Markus Fiersbach, Carmelo Roberto, Ilka Horn, Katya Shirokow, Mark Romanov sowie meinen Agenten Marcel Hartges und viele, viele mehr. Ihr habt von Anfang an dieses Projekt geglaubt und standet mir zur Seite.

Weiterhin danke ich den Protagonisten dieses Buches: Rick Rosenthal, Andrew Hewett, Jorge C. Hauser, David Katz, der Bob-Barker-Crew von Sea Shepherd, dem ZMT, dem GEOMAR und dem Ozeaneum Stralsund für die tolle Zusammenarbeit und natürlich der Pelagic Fleet, Pelagic Life, North Sailing und dem Zeavola Resort auf Ko Phi Phi. Mein Dank gilt natürlich auch unserer lieben Andrea Heilmann von der Reiselounge, die mich bei der Logistik aller Reisen seit Jahren unterstützt. Ebenfalls bedanken möchte ich mich bei all unseren Kooperationspartnern, was das Equipment und die Werbung angeht: allen voran natürlich National Geographic Deutschland, Olympus Cameras, Leica, Bresser, Foto Video Sauter, Yuneec, Mares, Sharkbanz und Boris & Maike vom „Fluid" in München.

Die Familie darf natürlich auch nicht fehlen, denn ohne die Unterstützung meiner Frau Saskia und der Flexibilität von Eltern und Schwiegereltern, die immer auf ihren Enkelsohn aufgepasst haben, wenn wir unterwegs waren, wäre vieles nicht machbar gewesen.

Doch am Ende wäre dieses gesamte Projekt nicht ohne die sensationelle Crowdfunding-Kampagne realisierbar gewesen, für die ich mich noch mal ausdrücklich bei all meinen Unterstützern bedanken möchte: Lars Hinrichs, Patrick Hovest, Dirk Kröger & Janina Vollert, Lance Christian Diaresco, Tobias Alter, Frank Otto, Robert Haselsteiner, Harald Fortmann, Wolf Bänkler, Rainer Ballwanz, Marcus Stein, Florian Weiß, Emilio & Heidi Galli Zugaro, Stefan Heilmann, Petra Vorsteher, Bernhard Lihotzky, Wolfgang Wegner, Siegfried Kreuzer, Thomas Götzfried, EJ Ventures, Mateo und Joaquin Bekemeier, Muhsin Candir, Norbert Hoffmann, Corinna Vigier, Andreas Otto, Vanessa und Dominik Johnson, Dr. Katrin Römer, Isabel v. Staudt, Martin Robin Salzl, Maximilian Lehrer, Stephan Oelgardt, Max Braunmiller, Lisa und Stefanie Ofner, Mathieu Hutin, Jens Wiechers, Daniel Bauer, Jörg Brüschke, Arnulf Stoffel, Karl v. Rohr, Georg Krautbauer.

Über York Hovest

York Hovest, geboren 1978 in Wesel/NRW, ist investigativer Fotograf, erfolgreicher Autor und Abenteurer und bereist die Welt auf der Suche nach inspirierenden Geschichten und Schicksalen. Die Themen seiner Projekte sind geprägt von Wissensdrang und Abenteuer und führen ihn in die gefährlichsten und abgelegendsten Gebiete unserer Erde. Im Fokus stehen dabei die Schönheit und Fragilität der Natur, aber auch die Menschen und ihre Kultur, die oft nur durch ein äußerst sensibles Gleichgewicht bewahrt werden können. Um all die Vielfalt auf unserer Erde auch für zukünftige Generationen zu erhalten, schafft er mit seiner Arbeit eine Plattform für mehr Aufmerksamkeit und Bewusstsein unserer Umwelt gegenüber. In seinem Projekt „Helden der Meere“ begleitet York Hovest Menschen, die sich die Rettung der Ozeane auf die Fahnen geschrieben haben. Er ist gefragter Gast in den Medien, Keynotespeaker und ehemaliger, international erfolgreicher Modefotograf.

HEROES OF THE SEA

mares
FLEXA
FLEXA